Die Fette

vom physiologisch-chemischen Standpunkte.

Von

Dr. Adolf Jolles,
Honorar-Dozent am k. k. Technologischen Gewerbemuseum in Wien.

Straßburg
Verlag von Karl J. Trübner
1907.

M. DuMont Schauberg, Straßburg.

Vorwort.

Die intensive Bearbeitung der Fettchemie seitens der Physiologen, der organischen und der physikalischen Chemiker, sowie die Wichtigkeit der einschlägigen Probleme für die Physiologie und Pathologie ließen es wünschenswert erscheinen, die neueren Forschungen, insoweit sie physiologisch bedeutsam sind, im Zusammenhang mit den inzwischen erzielten Ergebnissen der organischen und physikalischen Chemie darzulegen. Der jetzige Zeitpunkt erschien mir um so günstiger, als in den letzten Jahren die synthetischen und analytischen Methoden in dieser Körperklasse wesentlich verbessert wurden, so daß die Möglichkeit gegeben ist, manche zweifelhafte Angaben richtig zu stellen und bisher strittige Fragen zu entscheiden. In der vorliegenden Zusammenstellung sind die chemischen Fragen nur mit Bezug auf ihr physiologisches Interesse berücksichtigt, auf die Besprechung technologischer oder analytischer Probleme konnte um so eher verzichtet werden, als hiefür eingehende Fachwerke vorliegen und die Arbeit sonst allzu umfangreich geworden wäre.

Wien, im April 1907. A. Jolles.

Mit dem Namen «Fette» bezeichnet man in der Regel die Glycerinester der höheren Fettsäuren. Jedoch ist diese Benennung nicht vollständig ausreichend, da einerseits gewisse Ester von höheren Alkoholen auch Fette genannt, anderseits manche Glycerine zu den Wachsarten gezählt werden. Da jedoch weitaus die meisten und wichtigsten Fette Glyceride sind, sollen zunächst die in diese Gruppe gehörigen Fette besprochen werden und im Anhange dazu die Fettsubstanzen anderer chemischer Konstitution folgen.

In der Natur finden sich die Fette meist im Gemisch mit freien Fettsäuren, Glyceriden der flüchtigen Fettsäuren und mit höheren Alkoholen, unter denen speziell das Cholesterin wichtig ist; ferner sind sie oft von charakteristischen Riech- und Farbstoffen begleitet, deren Natur bisher nur zum geringsten Teil bekannt ist, die aber für die Anwendung oft von ausschlaggebender Wichtigkeit sind.

In reinem Zustande sind die Fette farblos, geruchlos und neutral; ihr spezifisches Gewicht ist kleiner als 1. Während die freien Fettsäuren, zumal die gesättigten, gegenüber dem Luftsauerstoff sehr beständig sind, werden die Fette, namentlich die ungesättigten, durch denselben oxydiert, besonders in Gegenwart von Feuchtigkeit und bei Belichtung. Hierüber, sowie über die Verseifung der Fette finden sich Angaben bei der Besprechung der betreffenden Körperklasse. Beim Erhitzen auf höhere Temperatur erfolgt tiefgehende Zersetzung; nichtsdestoweniger ist es gelungen, durch Anwendung sehr hohen Vakuums verschiedene Fette, z. B. Trilaurin, zu destillieren.

Glyceride der Fettsäuren.

Die Glyceride, d. h. Fettsäureglycerinester haben die allgemeine Formel

$$\begin{array}{l} CH_2 - OCOR \\ | \\ CH - O\text{-}COR \\ | \\ CH_2 - O\text{-}COR \end{array}$$

wobei R ein gesättigtes oder ungesättigtes Radikal bedeuten kann. Die Zahl der Fettsäuren, die aus Naturprodukten isoliert wurden, ist bereits eine sehr große; um so merkwürdiger ist es, daß sich in den Naturprodukten nie Fettsäureester von zwei- oder vierwertigen Alkoholen gefunden haben, ebensowenig wie Derivate von substituierten Glycerinen.

A. Glycerin.

Das Glycerin

$$\begin{array}{l} CH_2OH \\ | \\ CHOH \\ | \\ CH_2OH \end{array}$$

ist also die Basis sämtlicher Fette. Es wurde im Jahre 1779 von Scheele entdeckt, seine weitere Untersuchung ist Chevreuil, Pelouze, Berthelot und anderen zu verdanken; seine endgültige Formel wurde von Erlenmeyer aufgestellt. Auf synthetischem Wege wurde es von Friedel und Silva erhalten. Es ist ein neutraler, farb- und geruchloser Körper, der sich mit Wasser in jedem Verhältnis mischt, sehr hygroskopisch ist und wie alle Polyoxykörper süß schmeckt. Der Schmelzpunkt des reinen Glycerins liegt bei 17°, es krystallisiert aber infolge seiner Dickflüssigkeit auch unterhalb dieser Temperatur nur schwer. Es siedet bei 290°, unter teilweiser Zersetzung, so daß man zur Gewinnung eines reinen Produktes entweder im Vakuum oder mit Hilfe von überhitztem Wasserdampf destillieren muß.

B. Fettsäuren.

Mit dem Namen Fettsäuren bezeichnet man die Monocarbonsäuren mit offener Kohlenstoffkette. Nach dem Vorkommen doppelter Bindung und dem Ersatz von Wasserstoffatomen durch die Hydroxylgruppe zerfallen sie in folgende Unterabteilungen:

I. Gesättigte Fettsäuren $C_nH_{2n}O_2$.
II. Ungesättigte Fettsäuren $C_nH_{2n-2}O_2$.
III. Ungesättigte Fettsäuren $C_nH_{2n-4}O_2$.
IV. Gesättigte Oxysäuren.

I. Gesättigte Fettsäuren $C_nH_{2n}O_2$. (Siehe Beilage I.)

Wie aus der Zusammenstellung ersichtlich, ist die Zahl der gesättigten Fettsäuren sehr groß; jedoch ist das Vorkommen der meisten dieser Körper ein vereinzeltes, und in den Nahrungsfetten finden sich fast nur die normalen Fettsäuren, d. h. jene mit unverzweigter Kohlenstoffkette und von diesen nahezu ausschließlich jene mit einer geraden Anzahl von Kohlenstoffen, also z. B. die Verbindungen $C_{10}H_{20}O_2$, $C_{12}H_{24}O_2$, $C_{16}H_{32}O_2$, $C_{18}H_{36}O_2$, $C_{20}H_{40}O_2$, usw., während die ungeraden Glieder der Fettsäurereihe entweder in Naturprodukten selten vorkommen oder überhaupt bis jetzt nur auf synthetischem Wege, z. B. durch Aufbau oder Abbau aus den Verbindungen mit gerader Kohlenstoffzahl erhalten wurden. Die synthetischen Methoden hierzu wurden besonders von Hofmann, Lieben, Krafft ausgebaut.

Die niederen Glieder der Fettsäurereihe, wie Butter-, Isobutter-, Valerian- und Capronsäure kommen in Fetten zwar auch vor; allein ihre Menge ist gering und für die Ernährung sind sie belanglos, dagegen sind sie insofern für die Anwendung wichtig, als sie, beziehungsweise ihre Ester, einen charakteristischen Geruch aufweisen — die Säuren meist einen widerlichen, die Ester einen angenehmen — und dadurch für das Aroma der Fettsubstanzen maßgebend sind.

Über das physiologische Verhalten der Fettsäuren — abgesehen von Resorption und Nährwert — liegen wenige, aber übereinstimmende Angaben vor.

H. Meyer beobachtete toxische Wirkung der niedrigen Fettsäuren.[1]) Vom Magen, oder intravenös oder subkutan eingeführte Natronsalze derselben erzeugen zuerst sensorielle, dann

[1]) Arch. f. exp. Pathol. u. Pharm., Bd. XXI, S. 119.

schwächere motorische Lähmung. Die Natronsalze der Ameisen-, Propion-, Butter- und Valeriansäure rufen, subkutan verabreicht, Schlaf, Coma und die Begleiterscheinungen schon in Dosen hervor, in denen milchsaures Na und Kochsalz indifferent sind.

Foderà [1]) studierte den Einfluß des Carboxyls auf die aliphatischen Verbindungen und fand, daß Eintritt desselben in eine Verbindung deren Toxizität erhöht und daß das Carboxyl cerebrallähmende Wirkung ausübt.

II. Ungesättigte Fettsäuren: $C_nH_{2n-2}O_2$. (Siehe Beilage II.)

Wichtig ist besonders die Ölsäurereihe durch die außerordentliche Verbreitung der Ölsäure selbst.

In den Pflanzen und im Fett der Landtiere findet sich fast immer Ölsäure, in den Tranen vielleicht eine der isomeren Säuren, die Physetölsäure.

Die Ölsäure wurde schon von Chevreuil untersucht, ihre Zusammensetzung als normale ungesättigte Verbindung von Gottlieb ermittelt,[2]) die Konstitution, bezw. der Ort der Doppelbindung wohl erst durch Baruch gefunden und durch die Arbeiten von Shukoff und Schestakoff bestätigt.[3])

Ihre Formel ist:

$$CH_3 - (CH_2)_7 - CH = CH - (CH_2)_7 - COOH.$$

Die Physetölsäure ist wenig untersucht, sogar ihre Existenz angezweifelt worden.[4]) Die sehr gut bekannten Isomeren, Isoölsäure und Elaidinsäure, kommen in der Natur nicht vor.

Bei ungesättigten Fettsäuren ist besonders ihre geringe chemische Stabilität hervorzuheben; wie alle ungesättigten Verbindungen sind sie durch Oxydationsmittel weit leichter angreifbar als gesättigte Körper, und daraus, daß bei solchen Oxydationsprozessen Aldehyde und flüchtige niedere Fettsäuren entstehen können, erklärt es sich, wieso gerade ungesättigte Fettsäuren,

---

[1]) Tierchemie, Bd. XXIV, S. 85.

[2]) Annalen, Bd. LVII, S. 38.

[3]) Journal f. pr. Chem., 1903.

[4]) Vielleicht $C_{16}H_{30}O_2$, vielleicht $C_{18}H_{34}O_2$.

beziehungsweise deren Glyceride, so leicht die Erscheinung des Ranzigwerdens, d. h. die Entstehung unangenehm riechender und schmeckender flüchtiger Substanzen zeigen. Über den eigentlichen Mechanismus dieser Reaktion ist man noch nicht im Klaren, zumal ja die genannten übelriechenden Substanzen nur in solchen Mengen auftreten, daß sie zwar durch die Sinne sehr intensiv wahrnehmbar sind, dagegen nicht aus dem Fette isoliert werden konnten.

Jedenfalls sind die erwähnten Vorgänge meistens ziemlich komplizierter Natur, denn es kommen hierbei die in den natürlichen Fetten enthaltenen Fermente in Betracht, ferner die Wirkungen von Luftfeuchtigkeit, Sauerstoff, eventuell Ozon und ganz besonders jene des Lichtes, und aus den bisherigen Untersuchungen geht hervor, daß je nach den Bedingungen die Eigenschaften der ranzig gewordenen Fette differierten. Nach Boulez[1]) rührt das Ranzigwerden der Fette von ihrer Hydrolyse her. Nach P. Daletzky[2]) wirken Mangan- oder Eisensalze, die der Verfasser in Form der Stearinsäureoxydulsalze verwandte, beschleunigend auf die Oxydation der Fette, wobei die Mangan- oder Eisensalze als Überträger des atmosphärischen Sauerstoffes, also katalytisch wirken. Der Oxydationsprozeß erfolgt in den Fetten bei Anwesenheit von Fe augenscheinlich anders als bei der von Mn. In einzelnen Fällen ist es gelungen, aus belichteten Fetten, z. B. Schweineschmalz, durch Destillation mit Wasserdampf Produkte zu erhalten, welche Aldehydreaktionen gaben. Vgl. hierüber die Arbeiten von Kreis,[3]) Winckel,[4]) Nikitin,[5]) Orla Jensen,[6]) Laxa,[7]) Hanns,[8]) Fahrion,[9])

[1]) Bull. soc. chim. Belgique. Bd. XIX. 253.

[2]) Inaug.-Dissert. 1903. Pharm. Labor. der kais. militär-med. Akademie in St. Petersburg.

[3]) Verhandl. d. Naturforsch. Gesellsch. Basel. Bd. XV, S. 2.

[4]) Zeitschrift f. Untersuchung von Nahrungs- u. Genußmitteln, 1905, Bd. IX, S. 90.

[5]) Dissertation, St. Petersburg 1898.

[6]) Zentralbl. f. Bakteriologie II, 1900, Bd. 8, S. 11.

[7]) Arch. f. Hygiene, 1902, Bd. XLI. S. 119.

[8]) Zeitschrift f. Untersuchung von Nahrungs- u. Genußmitteln. 1900, Bd. III, S. 324.

[9]) Chem. Ztg., 1893, Bd. XVII, S. 434.

Scala[1]) und anderen, sowie die Zusammenstellung in König: «Chemie der menschlichen Nahrungs- und Genußmittel», Bd. II. Infolge der Doppelbindung sind die Glieder der Ölsäurereihe befähigt, Halogene oder Sauerstoff aufzunehmen; bei höherer Temperatur wirkt sogar der Luftsauerstoff energisch ein. Ferner bewirkt die Doppelbindung das Vorkommen von Stereoisomerie, z. B. wird die Ölsäure durch salpetrige Säure in ihr Isomeres, die Elaidinsäure, umgelagert.

$$\begin{array}{lcr} C_8H_{17} - CH & \qquad\qquad & C_8H_{17}CH \\ \;\;\, \Vert & & \Vert \\ \;\;\, CH - (CH_2)_7COOH & & COOH(CH_2)_7CH \\ \text{Ölsäure} & & \text{Elaidinsäure} \end{array}$$

Ferner tritt bei verschiedenen Reaktionen eine Verschiebung der Doppelbindung auf, die im vorliegenden Fall zur Isoölsäure führt.

III. Ungesättigte Säuren $C_nH_{2n-4}O_2$.

Die der Reihe $C_nH_{2n-4}O_2$ angehörenden Säuren kommen, obwohl weit verbreitet (besonders die Linolsäure), für die Nahrungsfette kaum in Betracht.

Nach Benedikt und Hazura kommt Linolsäure im Fett jeder Pflanze, aber nie in dem eines Landtieres vor;[2]) hingegen fand Kurbateff diese Säure auch im Fett des grauen und des weißen Hasen und in anderen Landtieren.[3])

Nach Versuchen von Kametaka ist die Elaomargarinsäure ein Stereoisomeres der Linolsäure (Chem. Zentr.-Bl.). Beilage II b.

Linolensäure und Isolinolensäure sollen nach der — mit Vorsicht aufzunehmenden — Arbeit von J. Ballantyne Hannay überhaupt nicht existieren.[4]) Allerdings gelang es auch Reformatzky nicht, dieselben zu isolieren.

---

[1]) Zeitschrift f. Untersuchung von Nahrungs- u. Genußmitteln, 1898, Bd. I, S. 418.

[2]) Monatshefte, Bd. X, S. 353.

[3]) Journ. Russ. phys.-chem. Ges., Bd. XXIV, S. 26.

[4]) Proceedings Chem. Soc., Bd. XX, S. 58.

IV. Gesättigte Oxyfettsäuren.

In den Nahrungsfetten kommen Oxysäuren — wenigstens primär — nicht vor, aus anderen Fettsubstanzen konnte eine Reihe dieser Säuren isoliert werden. Vgl. Tabelle III.

Vorkommen der als chemische Individuen isolierten Glyceride in der Natur und Synthetisierung von Glyceriden der Fettsäuren.

Es ist schon darauf hingewiesen worden, daß früher angenommen wurde, beim Aufbau eines Neutralfettmoleküls sei jeweilig nur eine bestimmte Fettsäure beteiligt. Neuere Untersuchungen ergaben, daß vielfach «gemischte» Glyceride vorliegen, in denen ein Glycerinmolekül mit 2 oder 3 verschiedenen Fettsäuremolekülen gepaart ist. So fanden Holde und Stange[1]) gemischte Glyceride im Olivenöl, ferner in tierischen Fetten, neben den einfachen Glyceriden. Nach Hansen[2]) kommen im Hammel- und Rindertalg sicher gemischte Triglyceride vor, die von Kreis und Hafner[3]) als Palmitodistearin erkannt wurden: $C_3H_5(C_{16}H_{31}O_2)(C_{18}H_{35}O_2)(C_{18}H_{35}O_2)$.

Daß diese Tatsache erst so spät entdeckt wurde, beruht darauf, daß die gemischten Triglyceride sehr schwer zu reinigen sind und außerdem, was ihre Identifikation sehr erschwert hat, oft einen doppelten Schmelzpunkt besitzen; diese Erscheinung tritt auf, wenn man die Substanz im geschmolzenen Zustande in das Schmelzpunktröhrchen einführt, sie daselbst erstarren läßt und nunmehr den Schmelzpunkt bestimmt. Wahrscheinlich beruht diese Erscheinung darauf, daß die erstarrte Masse zunächst amorph ist, bei einer bestimmten Temperatur unter so bedeutender Wärmeentwicklung in den krystallinischen Zustand übergeht, daß ein Teil schmilzt und so eine Schmelztemperatur weit unter der wirklichen vortäuscht. Richtige Schmelzpunkte wurden erst erhalten, als man dies erkannt hatte und nur krystallisierte Substanz zur Bestimmung

---

1) Ber. der Deutsch. chem. Ges., Bd. XXXIV, S. 2402—2408 und Bd. XXXV, S. 4306—4310.

2) Archiv f. Hygiene, Bd. XLII, S. 1—15.

3) Ber. der Deutsch. chem. Ges., Bd. XXXVI, S. 2766—2773.

verwendete. Die Synthese dieser Körper ist insofern mit Schwierigkeiten verbunden, als bei ihrer Bildung Umlagerungen eintreten. Wenngleich die Angabe von Hansen,[1]) daß beim Umkrystallisieren des Palmitodistearins aus Amylalkohol bereits eine Umlagerung in Tripalmitin und Tristearin eintrete, von Kreis und Hafner[2]) bestritten wird, so haben diese Autoren doch ihrerseits beobachten können, daß bei der Einwirkung von Ölsäure auf Dipalmitin und Distearin beträchtliche Mengen von Tripalmitin, beziehungsweise Tristearin entstehen. Hieraus ergibt sich, daß bei der Isolierung der Triglyceride aus den natürlichen Fetten mit der Möglichkeit eines gegenseitigen Austausches der Säurereste gerechnet werden muß.

Bei den gemischten Glyceriden ist Isomerie möglich; das Oleodistearin kann z. B. entweder der Formel

$$\begin{array}{lcl} CH_2O - COC_{17}H_{33} & & CH_2O - COC_{17}H_{35} \\ | & & \\ CHO - COC_{17}H_{35} & \text{oder} & COH - COC_{17}H_{33} \\ | & & \\ CH_2O - COC_{17}H_{35} & & CH_2O - COC_{17}H_{35} \end{array}$$

entsprechen.

Tatsächlich sind bei einzelnen gemischten Glyceriden Isomere aufgefunden worden, jedoch ist es bis jetzt nicht gelungen, die gegenseitige Stellung der Säurereste einwandfrei zu bestimmen. Dieselben Isomerieverhältnisse finden sich bei den Mono- und Diglyceriden. Zu den gemischten Triglyceriden ist in gewisser Beziehung auch das Lecithin — oder richtiger gesagt, die Lecithine zu zählen, da ihnen die Konstitution

$$\begin{array}{l} CH_2O - \text{Fettsäurerest} \\ CH_2O - \text{Fettsäurerest} \\ CH_2O - \text{Phosphorsäure Cholin} \end{array}$$

zukommt.

Auch hier ist die Stellung schwer zu ermitteln; trotzdem ist es vor kurzer Zeit Willstätter und Ludecke[3]) gelungen, nachzuweisen, daß der Phosphorsäurerest sich an einem endständigen Kohlenstoff befinde, da die durch Verseifung des

---

[1]) Archiv für Hygiene, Bd. XLII, S. 1.

[2]) Ber., Bd. XXXVI (1903), S. 1123, 2766.

[3]) Ber., Bd. XXXVI, S. 1124 u. 2767.

Eidotterlecithins entstehende Glycerinphosphorsäure optisch aktiv ist, somit ein asymmetrisches Kohlenstoffatom trägt; wäre der mittelständige Kohlenstoff mit der Phosphorsäure verbunden, so könnte keine Aktivität eintreten.

$$\begin{array}{l} CH_2OX \\ | \\ CHOX \\ | \\ CH_2OPO_3H_2 \end{array}$$

Bell hat zuerst in der Butter ein gemischtes Glycerid vermutet: Oleobutyropalmitin.[1]) Dasselbe wurde später von Blith und Robertson isoliert.

Daß das Butterfett reines Isooleopalmitocaprin sei, wurde von Johnstone allen Ernstes behauptet.[2])

Die bis jetzt isolierten, in der Natur vorkommenden Glyceride sind:

Trilaurin aus Lorbeeren: F. 45°[3])
Trimyristin aus Muskatnuß: F. 55°[4])
? Tripalmitin aus Palmöl[5])
» » Stelling sebif.: F. 66,5°[6])
» » Menschenfett: F. 54,50°[7])
» » Hammel- und Rindsfett: F. 52°[8])
Tristearin aus Brind. indic. Samen: F. 55° u. 71,5°[9])
» » Hammeltalg: F. 55° u. 71°[10])
» » Oleum cacao: F. 70°[11])
Dierucin aus Rüböl: F. 47°[12])

---

[1]) Ber., Bd. XXXVI, S. 1124 u. 2767.
[2]) Chem. News., Bd. LXIII, S. 56 (1891).
[3]) Marsson, Ann., Bd. XLI, S. 330
[4]) Masino, Ann., Bd. CCII, S. 173.
[5]) Stenhouse, Ann., Bd. XXXVI, S. 54.
[6]) Maskelyne, Jahresbericht 1855, S. 519.
[7]) Ferié, Dissertation, Bonn (Bern) 1903.
[8]) Hansen, Arch. f. Hyg., Bd. XLII, S. 1.
[9]) Bonis u. Pimentel.
[10]) Duffy, Quart. Journ. of the Chem. soc., Bd. V, S. 197 u. Heintz, J. pr., Bd. LV, S. 349.
[11]) Klimont, Monatshefte, Bd. XXIII, S. 51, u. Berichte, Bd. XXXIV, S. 2636.
[12]) Reimer u. Will, Ber., Bd. XIX, S. 3322.

Distearopalmitin aus Hammeltalg: F. 62,5°[1])
Palmitodistearin » Rinds- u. Hammelfett: F. 52° u. 63°[2])
Dipalmitostearin » Hammeltalg: F. 55°[1])
Heptadekyldistearin aus Schweinefett: F. 51,8° u. 66°[3].
Oleodistearin aus Kokosbutter: F. —[4])
» » Mkanifett: F. —[5])
» » Oleum cacao: F. —[6])
Oleodimargarin aus Olivenöl[7])
Oleodidaturin?
Oleodipalmitin aus Hammeltalg: F. 48°[1])
Dioleostearin » Menschenfett flüssig[8])
Oleobutyropalmitin aus Butter[9])
Oleopalmitostearin » Hammeltalg: F. 42°[1])
» » Oleum cacao: F. 31,3°[10])
? Oleopalmitomyristin aus Oleum cacao: F. 25°[10])

Aufbau von Glyceriden.

Fast alle einfachen und verschiedene gemischte Glyceride wurden bereits synthetisch dargestellt.

Es geschieht dies entweder nach der Methode von Berthelot durch Erhitzen der Fettsäurehydrate (oder Anhydride) mit Glycerin[11]) oder durch Einwirkung von Chlorhydrinen auf fettsaure Salze.[12]) Beide Verfahren wurden verschiedent-

---

[1]) Hansen, Arch. f. Hyg., Bd. XLII, S. 1.

[2]) Kreis u. Hafner, Arch. f. Hyg., Bd. XXXVI, S. 2767.

[3]) Ber., Bd. XXXVI, S. 1124 u. 2767.

[4]) Heise, Arbeit aus d. Kaiserl. Gesundheitsamt (1902), Bd. XVIII, S. 371.

[5]) Henriques u. Kühne, Ber., Bd. XXXII, S. 387.

[6]) Fritzweiler, Arbeiten aus d. Kaiserl. Gesundheitsamt (1902), Bd. XVIII, S. 371.

[7]) Holde u. Stange, Ber., Bd. XXXIV, 2402.

[8]) Ferié, Dissertation, Bonn (Bern) 1903.

[9]) Blith u. Robertson, Chemiker-Ztg. (1889), S. 162.

[10]) Klimont, Monatshefte, Bd. XXIII, S. 51, u. Berichte, Bd. XXXIV, S. 2636.

[11]) Ann. chim. (3), Bd. XLI, S. 216 (1854).

[12]) Scheij, Recueil trav. chim. Pays. Bas. et d. l. Belg., Bd. XVIII, S. 193.

lich modifiziert. So stellt Grün[1]) Fette dar, indem er Glycerin mit H_2SO_4 zusammenbringt und die Glycerindischwefelsäure dann mit den entsprechenden Fettsäuren erhitzt. Auf diese Weise stellte er Dipalmitin, Distearin und Diarachin dar. Auch die Konstitution der synthetisch erhaltenen Glyceride ist unsicher (bezüglich der Stellung der Säurereste).

Auch wenn man von Chlorhydrinen bekannter Konstitution ausgeht, ist eine Umlagerung der primären Reaktionsprodukte nach Hansen und Kreis-Hafner möglich, wenn nicht wahrscheinlich.

Die synthetisierten Glyceride sind:

Monobutyrin[2])
Dibutyrin, Tributyrin: flüssig[2])
Diisovalerin, Triisovalerin: flüssig[3])
Tricaproin: flüssig[4])
Tricaprylin: F. 8°[4])
Tricaprin: F. 31,1°[5])
Trilaurin: F. 46,40°[6])
Trimyristin: F. 56,6°[7])
Monopalmitin: F. 63°[3])
Dipalmitin: F. 61°[3])
α-Dipalmitin: F. 69°[8])
β-Dipalmitin: F. 67,2°[8])
Tripalmitin: F. 62°[3])
» F. 45° u. 65,1°[9])
Monostearin: —[10])
» F. 61°[11])
Distearin: F. 76,5°[3])
» F. 76°[12])
α-Distearin: F. 72,5°[8])
β-Distearin: F. 74,2°[9])
Tristearin: F. 71,6°[13])
» F. 54° u. 71°[14])

[1]) Ber., Bd. XXXVIII, S. 2284—2287.
[2]) Lebedew, Zeitschrift f. physiol. Chemie, Bd. VI, S. 150 und Berthelot, Ann. chim.
[3]) Ann. chim. (3), Bd. XLI, S. 216 (1854).
[4]) Scheij, Recueil, Bd. XVIII, 193.
[5]) Scheij, ibid., S. 194.
[6]) Scheij, ibid., S. 195.
[7]) Scheij, ibid., S. 197.
[8]) Guth.
[9]) Scheij, Recueil, Bd. XVIII, S. 199.
[10]) Berthelot, Chim. org. synth., Bd. II, S. 65.
[11]) Hundeshagen, Journ. pr. (2), Bd. XXVIII, S. 225.
[12]) Hundeshagen, ibid., S. 219.
[13]) Berthelot, Chim. org. synth., Bd. II, S. 65, und Scheij, Recueil, Bd. XVIII, S. 200.
[14]) Kreis u. Hafner, Ber., Bd. 36, S. 2767.

Monocarachin: —[1])
Diarachin: —[1])
Triarachin: —[1])
Monocerotin: F. 78,8°[2])
Dicerotin: F. 79,5°[2])
Tricerotin: F. 76,5—77°[2])
Monomelissin: F. 91,5°[3])
Dimelissin: F. 93°[3])
Trimelissin: F. 89°[3])
Monoolein: E. P. 15—20°[4])
Diolein: Kr. P. 10—15°[4])
Triolein:[5]) flüssig[4])
Trielaidin: F. 32°[6])
Trierucin: F. 31°[7])
Dibrassidin: F. 65°[7])
Tribrassidin: F. 47°[7])
Triricinolein: flüssig[8])
α-Palmitodistearin: F. 52° u. 63,2°[9])
α-Palmitodistearin: F. 63°[4])
β-Palmitodistearin: F. 52,5° u. 62°[9])
β-Heptadekyldistearin: F. 51,8° u. 66°[9])
Oleodistearin aus α-Distearin: F. 30° u. 42°[9])
Oleodistearin aus β-Distearin F. 21° u. 42°[9])
Oleodipalmitin aus α-Dipalmitin: F. 38—39°[9])
Oleodipalmitin aus β-Dipalmitin: F. 37—38°[9])

Fettähnliche Verbindungen wurden von Berthelot, später von Krafft, durch Esterifizierung von Mannit, bezw. Glykol mit höheren Fettsäuren dargestellt.[10]) Nach Hugh Neilson[11]) verwandelt Platinschwarz Äthylalkohol in Äthylbutyrat.

Fettspaltung (außerhalb des tier. Organismus).

Die Spaltung der Fette ist viel eingehender untersucht als der Aufbau derselben.

---

[1]) Berthelot, Ann. Chim. (3), 47.255.
[2]) Marie, Ann. Chim. (7), Bd. 7, S. 202.
[3]) Marie, ibid., S. 204.
[4]) Berthelot, Chim. org. synth., Bd. II, S. 79—81.
[5]) Synthese durch Pankreas von Henri Pottevin. Journal für Tierchemie, Bd. XXXIII, S. 1064.
[6]) Meyer, Annalen, Bd. XXXV, S. 177.
[7]) Reimer u. Will, Ber., Bd. XX, S. 2386.
[8]) Juillard, Bull. soc. chim. (3), Bd. XIII, S. 244.
[9]) Kreis u. Hafner, Ber., Bd. XXXVI, S. 1124.
[10]) Krafft, Ber., Bd. XXXVI, S. 4229.
[11]) Amer. Journ. Phys., Bd. X, S. 19a—20.

1. Chemische Spaltung, Verseifung.

Die Fette werden durch Einwirkung von Alkalien, Erhitzen mit Erdalkalien, Bleioxyd, Zink, Säuren (bes. Salzsäure und Schwefelsäure) und durch Wasserdampf (bei erhöhtem Druck) in Glycerin und Fettsäuren, bezw. Seifen zerlegt.

Die verschiedenen Verfahren sind bekanntlich längst praktisch ausgearbeitet. Auch alkoholisches NH_3 zerlegt Fette bei längerem Stehen.[1]) Über die Theorie der Verseifung liegen zahlreiche Untersuchungen vor.

Die Verseifung durch Alkalien ist besonders eingehend von Henriques,[2]) Geitel[3]) und Lewkowitsch[4]) untersucht.

Nach Lewkowitsch erfolgt die Verseifung stufenweise, d. h. das Triglycerid wird zum Diglycerid, dieses zum Monoglycerid abgebaut, letzteres schließlich in Glycerin und Fettsäuren zerlegt.[5]) Schema:

$$\begin{array}{lll} CH_2-O\cdot COR & CH_2OH + HOK & CH_2OH \\ | & | \quad \longrightarrow & | \\ CH-O\cdot COR + H\cdot OK \longrightarrow & CHO\cdot COR + RCOOK & CH-OH + 2\,RCOOK \\ | & | & | \\ CH_2-O\cdot COR & CH_2O\cdot COR & CH_2O\cdot COR \quad \text{u. s. f.} \end{array}$$

Balbiano erkennt den experimentellen Daten von Lewkowitsch keine Beweiskraft zu.[6])

Entgegen der von Geitel und Lewkowitsch vertretenen Ansicht stufenweiser Verseifung tritt in alkoholischer Lösung der Fette Bildung von Äthylestern ein, welche durch weitere Hydrolyse in fettsaure Salze übergeführt werden:

$$C_3H_5(C_{18}H_{33}O_2)_3 + 3\,C_2H_5OH + 3\,KOH = C_3H_5(OH)_3 + 3\,C_{18}H_{33}O_2C_2H_5$$
$$+ 3\,KOH = C_3H_5(OH)_3 + 3\,C_{18}H_{33}O_2K + 3\,C_2H_5OHK.\ [7])$$

Er schließt aus seinen eigenen Versuchen, daß die Verseifung aller Acylreste eines Fettmoleküls gleichzeitig erfolgt, da er bei (sehr langer!) Einwirkung einer zur vollkommenen

---

[1]) Rowney, Jahresber. 1855, S. 531.
[2]) Zeitschrift f. angew. Chemie, 1898, S. 696.
[3]) Journ. pr. Chem. (2), Bd. LV, S. 429.
[4]) Chem. Zentralblatt, 1899, Bd. L, S. 469.
[5]) Ber., Bd. XXXVI, S. 175.
[6]) Ibid., Bd. XXXVI, S. 1571.
[7]) Henriquez, Zeitschrift f. angew. Chemie, Bd. XIX, Heft 38.

Verseifung nicht ausreichenden Alkalimenge auf Tribenzoin, Glycerin und unverändertes Tribenzoin erhielt.

Lewkowitsch wies demgegenüber nach, daß bei solcher Versuchsanordnung die intermediär gebildeten Mono- und Diglyceride — als leichter verseifbar — vollkommen abgebaut werden mußten, bevor der Rest am Tribenzoin gespalten werden konnte.[1])

Diese Ansicht ist wahrscheinlich die richtige, denn die Mono- und Diglyceride sind in Wasser mehr oder minder löslich, werden also viel leichter angegriffen als das unlösliche und der Einwirkung keinen Angriffspunkt bietende Triglycerid.

Die Fettspaltung durch verdünnte Säuren untersuchte insbesonders Geitel.[2])

Die Spaltung nach Twitchell durch Benzolsulfosäure, bei der „sulfofettaromatische" Zwischenprodukte entstehen sollen, ist wissenschaftlich wenig oder gar nicht geprüft worden.[3])

Bei der Verseifung durch Bleioxyd sollen sich nach Hannay Zwischenstufen folgender Art bilden:[4])

z. B. aus Olein 1. $C_3H_5O_3 \equiv Pb \equiv (C_{19}H_{33}O_2)_3$

$$\downarrow + H_2O$$

2. $(C_{18}H_{33}O_2)_2 = Pb \cdot PbO$,

was eine vollständig unbewiesene Annahme ist.

Zur Theorie der Alkali-Verseifung sei noch erwähnt, daß Euler annimmt, die Ionisation der Fettsäureester erfolge nicht in gewöhnliche Säure-Anionen und Alkyl-Kationen, sondern in positive Acylionen:

$$R - \overset{+}{C} = O \text{ und Alkoxyl-Anionen: } - \overset{-}{O} - R.$$ [5])

Er schließt dies aus der Tatsache, daß die Hydrolyse der Fettsäureester parallel mit den Dissoziationskonstanten der Säuren ansteigt.

Eine ähnliche Anschauung entwickelte kürzlich Gold-

[1]) Ber., Bd. XXXVI, S. 3766.

[2]) Journ. pr. Chem. (2), Bd. LVII, S. 113.

[3]) Augsburger Seifensieder-Ztg., Bd. XXX, S. 215.

[4]) J. Ballantyne Hannay, Proceed Chem. Soc., Bd. XX, S. 58

[5]) Zeitschrift f. physikal. Chemie, Bd. XXXVI, S. 405.

schmidt. Er erklärt dies merkwürdige Verhalten durch Annahme einer der Fettsäure tautomeren Acylbase:[1])

$$\begin{array}{l} \qquad\;\, + \\ R - C \equiv O - OH \\ [\quad + \quad]\ [-] \end{array}$$

Wirkliche Beweise für diese Auffassung sind allerdings noch nicht erbracht worden.

2. Spaltung durch Bakterien.

Bacillus fluorescens non liquefaciens soll die Glyceride der Butter und weiterhin die freien Fettsäuren spalten.[2])

Ebenso sollen Mucor, Bac. fluoresc. liquef. und Oidium lactis fettspaltend wirken.[3])

Rahn[4]) fand durch Anhäufungsversuche in Wasser, Palm- oder Butterfett und ein wenig Erde zwei Bazillen (α und β), sowie vier Schimmelpilze, die Fett zu spalten vermögen.

Camus fand ein lipolytisches Ferment in Aspergillus,[5]) Gérard in Penicillium.[6])

Daß Fett beim „Schimmeln" gespalten wird, bestätigen Hanus und Stocký.[7])

Hingegen führt Duclaux, der in alten Käsen gespaltenes Fett fand, die Spaltung nur auf indirekte Bakterieneinwirkung zurück. Die Bakterien sollen aus Eiweiß Ammoniak produzieren und dieses erst die Fette verseifen.[8])

Laxa wies jedoch nach, daß Ammoniak nicht imstande ist, Butterfett zu zerlegen.[9])

Schwartze und Kayser[10]) konnten aus Dittrichschen Pfröpfen mehrfach einen Staphylococcus pyogenes albus isolieren, der Fett spaltete.

---

[1]) Zeitschrift f. Elektrochemie, Bd. X, S. 221 (1904).

[2]) Koneger, Zentralbl. f. Bakt., Bd. VII, S. 426.

[3]) Reimann, ibid., Bd. II, Abt. 6 (1900).

[4]) Zentralbl. f. Bakt., Bd. II, Abt. 15, S. 422—429.

[5]) Compt. rend. soc. biolog. 49.192.

[6]) Compt. rend., Bd. CXXIV, S. 370.

[7]) Zeitschrift f. Unters. von Nahrungs- u. Genußmitteln, 1900, S. 606.

[8]) Le lait 1887.

[9]) Arch. f. Hyg., Bd. XLI, S. 119.

[10]) Zeitschrift f. klin. Mediz., Bd. LVI, S. 111—119.

Penicillium, Mucor, und Bac. fluoresc. liquef. erzeugen fettspaltende Enzyme, weniger Saccharomyceten, ganz indifferent sind Milchsäurebakterien und Tyrotrixarten.

Schreiber wies nach, daß die lipolytische Funktion der bis jetzt untersuchten Bakterien und Schimmelpilze an deren Lebenstätigkeit gebunden ist.[1]) Nach Borri[2]) bedarf es keiner Mitwirkung bestimmter Mikroorganismen zur Verseifung in der Leiche.

Rubner nennt denn auch den Vorgang «Fettvergärung». Ganz reines Fett ist überhaupt kein Nährboden. Aerobe Bakterien können Fett bei Gegenwart von Sauerstoff und Nährstoffen nicht nur zerlegen, sondern auch ganz zerstören, besonders wenn das Fett emulgiert ist.[3]) Inwiefern bei der sogenannten oxydativen Spaltung der Fette[4]) und weiterhin der Fettsäuren[5]) doch auch Bakterien mitwirken, ist noch nicht sicher gestellt. Die Erscheinung des Ranzigwerdens der Fette ist noch nicht vollkommen erklärt. Die Hauptrolle spielen dabei aber Luft (Sauerstoff) und Licht.

Die Erklärung von Hagemann (Verseifung durch Milchsäure) ist jedenfalls unrichtig.[6])

Daß auch die Fettzersetzung im Boden größtenteils auf die Tätigkeit von Mikroben zurückzuführen ist, hat endgültig Rubner nachgewiesen.[7])

Natürlich kommt auch die chemische Beschaffenheit des Bodens sehr in Betracht, indem Basen zugegen sein müssen, um die abgespaltenen Fettsäuren zu binden. Der lufttrockene Boden zerstört auch ohne Zufuhr von Feuchtigkeit das Fett.

Das Fettwachs, welches sich so bildet, besteht vorwiegend aus K — NH_4 — Ca-Seifen.[8]) Schon vor den abschließenden

---

[1]) Arch. f. Hyg., Bd. XLI, S. 328.
[2]) Sperimentale 1902, Heft 1.
[3]) S. auch Salkowski, Zeitschrift f. physiol. Chemie, Bd. XV, S. 321.
[4]) Scala, Tierchemie, Bd. XXVIII, S. 250.
[5]) Frank, Du Bois R. Arch., physiol. Abt., 1894, 50.
[6]) Tierchemie, Bd. XII, S. 32.
[7]) Arch. f. Hyg., Bd. XXXVIII, S. 67.
[8]) Salkowski, Tierchemie, Bd. XXI, S. 29.

Versuchen Rubners sind Salkowski, Sécretan,[1]) Ermann[2]) und Zillner[3]) für die Bildung des Leichenwachses aus dem Fett des Körpers eingetreten. Die früheren Erklärungen der Adipocirebildung (aus dem Muskeleiweiß,[4]) sogar aus sämtlichen Körperbestandteilen[5]) sind damit abgetan.

3. Spaltung durch Fermente.

Eine Klärung der Anschauungen über die Fettspaltung durch Bakterien konnte erst erfolgen, als durch die Isolierung von wirksamen Fermenten, d. h. Katalysatoren, aus tierischen und pflanzlichen Geweben der Beweis erbracht worden war, daß gewisse organische Substanzen — durchwegs Kolloide — Reaktionen herbeiführen können, die früher nur durch energisch wirkende Reagenzien, wie konzentrierte Schwefelsäure und dergleichen möglich waren. Als aber konstatiert war, daß Organismen verschiedener Art solche fettverseifende (lipolytische) Fermente enthalten, waren für die Fettspaltung durch die Mikroorganismen wichtige Anhaltspunkte gewonnen, da sie nunmehr auf die in den Bakterien enthaltenen, beziehungsweise von ihnen produzierten Fermente zurückgeführt werden konnte.

Zunächst wurde die fettspaltende Wirkung pflanzlicher Produkte aufgefunden.

Die lipolytische Wirkung von Pflanzensamen beobachteten zuerst Green[6]) und Sigmund.[7]) Fürth[8]) findet die Angaben Greens nicht bestätigt. Lewkowitsch[9]) beobachtete die Hydrolyse der Fette in vitro und Macloid mit Hilfe von Steapsin.

Sigmund fand, daß die Wirkung der Samen von Raps, Ricinus, Mohn, Lein, Mais, Hanf und Kürbis von Fermenten herrühren müsse. Er konstatierte auch Beziehungen zwischen fettspaltenden und glukosidspaltenden Fermenten, indem Myrosin

---

[1]) Dissertation, Bern 1876.

[2]) Tierchemie, Bd. XII, S. 30.

[3]) Tierchemie, Bd. XV, S. 515.

[4]) Kratter, Zeitschrift f. Biol., Bd. XVI, S. 455.

[5]) Crells chem. Annalen 1792.

[6]) Proc. Royal Soc., Bd. XLVIII, S. 270 (1890).

[7]) Monatshefte, Bd. XI, S. 272.

[8]) Proc. Royal Soc., Bd. XLVIII, S. 370.

[9]) Proc. Royal Soc., Bd. LII, S. 477, S. 31.

und Emulsin fettspaltend wirken, während anderseits Raps-, Hanf- und Mohnsamenferment Glykoside, speziell Amygdalin und Salicin zu zerlegen vermögen. [1])

Ein bedeutender Fortschritt wurde von Connstein, Hoyer und Wartenberg erzielt. [2]) Sie fanden, daß eine weitgehende Fettzerlegung durch pflanzliche Fermente — besonders das des Ricinussamens — nur bei Gegenwart genügender Mengen freier Säure eintritt.

In einzelnen Fällen erzielten sie quantitative Spaltung der Ester höherer Fettsäuren, während die der flüchtigen Säuren sich als schwerer angreifbar erwiesen. Mayer [3]) gibt an, daß das im Magen nicht immer zu findende fettspaltende Ferment nicht im Magen produziert werde, sondern aus dem Darm austretendes Steapsin des Pankreas sei, welche Behauptung Volhard in der Diskussion scharf bekämpft.

Die erforderlichen Bedingungen sind außer der Gegenwart von Säure: gute Emulsion, geeignete Temperatur (nicht über 48°), eine gewisse Zeitdauer, Abwesenheit von Fermentgiften, als da sind: Alkali, Alkohol, Seife, Formaldehyd, Sublimat usw.

Das Ferment des Ricinus wurde später (unrein) isoliert und näher untersucht. [4]) Leucin, Asparagin, sowie Glykokoll befördern die Fettspaltung durch das Cytoplasma, besonders bei Gegenwart von Essigsäure oder Kohlensäure (Urbain, Perruchon, Lauron), [5]) Fokin untersuchte 60 weitere Pflanzen und stellte bei der Hälfte derselben fettspaltende Wirkung der Samen fest. [6])

Fettspaltend wirken auch Abrin, [7]) Ricin und Myrosin [8]) und Emulsin. [9])

Der Wirkungsgrad ist in der angegebenen Reihenfolge

---

[1]) Monatshefte, Bd. XIII, S. 567.
[2]) Ber., Bd. XXXV, S. 3988.
[3]) Verhandl. d. Kongresses f. innere Medizin, Bd. XX, S. 290—300.
[4]) Hoyer, Ber., Bd. XXXVII, S. 1436.
[5]) Compt. rend., Bd. CXXXIX, S. 641—643.
[6]) Revue für Harz- u. Fett-Industrie, 1904.
[7]) Braun u. Behrend, Ber., Bd. XXXVI, S. 1142.
[8]) Dieselben, Ber., Bd. XXXVI, S. 1900.
[9]) Braun, Ber., Bd. XXXVI, S. 3003.

absteigend. Dieterich beobachtete an nicht ausgeschmolzenen Talgen spontane Spaltung.[1] Angeregt dadurch, untersuchten Pastrovich und Ulzer die Einwirkung verschiedener Eiweißkörper auf Fett unter den verschiedensten Bedingungen und fanden eine minimale Zerlegung der Neutralfette.[2]

Hanriot entdeckte im Blut von Kaninchen ein fettspaltendes Ferment, welches er Lipase nannte.[3]

Dasselbe wurde darauf auch im Blutserum von Mensch, Hund, Pferd, Rind, Schaf und Aal gefunden.

Die Blutlipase tritt fötal im 6. Monat auf, sie stammt nicht aus dem Pankreas[4] und ist mit der Pankreaslipase nicht identisch.[5] Die lipolytische Wirksamkeit des Blutes verschiedener Tiere ist verschieden stark, wie aus folgender vergleichender Tabelle hervorgeht.

Aal	155	Esel	16	Meerschwein	11
Ente	32	Pferd	14	Kaninchen	11
Hund	23	Mensch	12	Hammel	9

Nach Poulain enthalten auch die Lymphdrüsen des Mesenteriums und die peripheren Lymphdrüsen Lipase, im wesentlichen gleichviel.[6]

Hanriot hält die von Connstein und Michaelis[7] studierte lipolytische Wirkung des Blutes für ganz verschieden von der durch seine Lipase erzeugten Wirkung. Erstere beruhe nur auf der Wirkung der Blutkörperchen, die eine vollständige Oxydation der Fette zu CO_2 und H_2O hervorrufen.[8]

Von großer Bedeutung ist die Beobachtung Loewenharts, daß die Lipase auch Fett aus den Spaltstücken synthetisiert.[9] Sie wird daher auch im Organismus eine derartige aufbauende und zerlegende, eine reversible Wirkung entfalten.

[1] Chem. Revue, 1899, S. 168, 181, 201.
[2] Ber., Bd. XXXVI, S. 209.
[3] Compt. rend. soc. biol., Bd. XLVIII, S. 925.
[4] Hanriot, Arch. de Physiol., Bd. XXX, S. 797.
[5] Hanriot, Compt. rend. soc. biol., Bd. XLIX, S. 377.
[6] Compt. rend. soc. biol., Bd. LIII, S. 642.
[7] Pflügers Arch., Bd. LXIX, S. 76, u. Tierchemie, Bd. XXVI, S. 171.
[8] Compt. rend., Bd. CXXIII, S. 831.
[9] Amer. Journ. Physiol., Bd. VI, S. 331.

Wichtig für die Beurteilung der Fettbildung im Organismus ist die Beobachtung von Pottevin,[1]) wonach das Pankreasferment in derselben Richtung wirkt. So erhielt dieser Autor beim Zusammenbringen von Ölsäure, Glycerin und Pankreasferment die Glycerinester der Ölsäure, vom Mono- bis zum Triolein. Dieser Befund ist auch insofern wichtig, als er beweist, daß die Lipase auf das Fett rein katalytisch wirkt, denn für einen jeden Katalysator läßt sich theoretisch ableiten, daß er ebenso Reaktion als Gegenreaktion beschleunigen muß.

Die Lipogenese ist nur bei Vorhandensein von Glycerin und freien Fettsäuren — nicht aber Seifen — möglich. Dieses Verhalten läßt sich wohl so erklären, daß bei der Fettbildung aus Seifen und Glycerin nach der Gleichung

$$3\,C_nH_{2n+1}COONa + C_3H_5(OH)_3 = C_3H_5(OCOC_nH_{2n+1})_3 + 3NaOH$$

sich freies Alkali bildet, und da diese Fermente zu ihrer Wirksamkeit eine schwachsaure Reaktion des Mediums benötigen, das freie Alkali die Fettsynthese verhindert.

Vorkommen der Fette.

Die längst bekannten Daten sind auch hierfür in einer Beilage zusammengefaßt.

Die in den Pflanzen vorkommenden Fette (natürlich inbegriffen die Öle) sind in großer Zahl eingehend untersucht, d. h. die Fettsäuren wurden ihrer Art und Menge nach bestimmt. Man nahm fast allgemein an, daß die Fettsäuren in Form ihrer Triglyceride in den Fetten enthalten sind, bis erst in letzter Zeit für mehrere Fette der Nachweis erbracht wurde, daß sie hauptsächlich aus sogenannten gemischten Glyceriden bestünden. Dasselbe gilt wahrscheinlich auch für die meisten übrigen Fette. Diese Arbeiten sind der Übersicht halber in einem eigenen Kapitel berücksichtigt.

Bezüglich des Vorkommens in Pflanzen siehe Tabelle IV.

Widersprechend sind die wenigen Angaben über das Fett der Bakterien. Toyosaku Nischimura erhielt aus Tuberkelbacillen (getrocknet) 5,08 % Ätherextrakt, bestehend aus Palmitin, Stearin und Olein,[2]) während de Schweinitz und

[1]) Compt. rend., Bd. CXXXVIII, S. 378.

[2]) Arch. f. Hygiene, Bd. XVIII, S. 318.

Dorset 37 % Rohfett, hauptsächlich aus Palmitin bestehend, gefunden haben wollen.[1])

Eine aus Tuberkelfett isolierte Säure vom F. P. 102° bezeichnen die genannten «Forscher» als Arachinsäure!

Klebs fand in trockenen Tuberkeln ca. 22 % Fett.[2])

Levene[3]) erhielt aus gepulverten Tuberkelbazillen, die mit Alkohol und Benzol behandelt waren, einen gelben Extrakt, der gereinigt wie weißes Wachs aussieht. Die Zusammensetzung scheint $C_{12}H_{24}O_3$ zu sein. Schmelzpunkt zwischen 55—60° C. Durch die gewöhnlichen Methoden war es unmöglich, es zu verseifen.

Kresling[4]) fand folgende Zusammensetzung des Fettes der Tuberkelbazillen: Freie Fettsäuren 14,38 %, Neutralfette und Fettsäureester 77,35 %, Lecithin 0,16 %.

Gosio beobachtete, daß vibrio cholerae asiaticae Koch, in glykosehaltiger Peptonlösung kultiviert, Fettsäuren — besonders Essig- und Buttersäure — bildet, wobei die Zuckerzersetzung der Säurenbildung parallel läuft.[5])

Das Fett der Bierhefe enthält gleiche Teile Stearin- und Palmitinsäure, etwas Buttersäure, teils frei, teils an Glycerin gebunden.[6])

Für die bisherigen Untersuchungen der Tierfette gilt auch das oben von denen der pflanzlichen Fette Gesagte, daß nämlich die Erforschung der eigentlichen Konstitution der Neutralfette bis in die letzte Zeit vernachlässigt wurde.

Was das qualitative und quantitative Vorkommen der verschiedenen Fettsäuren in den tierischen Fetten betrifft, so liegen darüber zahlreiche, erschöpfende Untersuchungen vor.

Allerdings muß hier bemerkt werden, daß eine Anzahl älterer Arbeiten nicht ganz beweiskräftig ist, in denen die

---

[1]) Journ. Amer. Chem. Soc., Bd. XVIII, S. 449.

[2]) Zentralblatt f. Bakt. Abt., Bd. L, 20, S. 488.

[3]) Journ. med. research, Bd. XII (New Series VII), S. 205—213.

[4]) Archives des sciences biologiques de St. Pétersbourg, Bd. IX. S. 351—377.

[5]) Arch. f. Hygiene, Bd. XVII, S. 11.

[6]) Gérard u. Darexy, Journ. Pharm. Chim. (6), Bd. V, S. 275,

Fettsäuren nur durch Schmelzpunkt und Analyse nachgewiesen wurden. Da es oft nur schwer gelingt, geringe Verunreinigungen, die aber den Schmelzpunkt sehr beeinflussen, zu entfernen, und die Elementaranalyse wegen der ähnlichen Zusammensetzung der Fettsäuren oft keine Entscheidung zwischen zwei Homologen zuläßt, sind sicher eine Zahl älterer Arbeiten irrig. Eine Sicherheit trat in diesem Gebiete erst auf, als es gelang, die Säuren durch chemische Charakterisierung, etwa Jodzahl, Acetylzahl, Darstellung der Amide, Anilide usw. genauer zu definieren. Beilage V.

Vor der Ausarbeitnng der subtilen analytischen Methoden der späteren Fettchemie waren die bedeutenden Unterschiede — sowohl in den Fetten untereinander verschiedener Tiere, als auch im Fett der verschiedenen Organe einer und derselben Art — wenig bekannt.

Die Angaben von Chevreuil bieten in der Beziehung[1]) so wenig, wie die von Heintz.[2])

E. Schulze und Reinecke untersuchten das Fett von Hammel, Ochs und Schwein und kamen auf Grund ihrer Analysen zu der Ansicht, daß deren Zusammensetzung die gleiche sei.[3]) Wenn auch die Zahlen nach den vorgenommenen Elementaranalysen begreiflicherweise fast übereinstimmten, ist die mangelnde Berücksichtigung der so auffälligen Verschiedenheit in der Konsistenz schwer zu erklären.

Quantitative Analyse der Tierfette.[4])

Über die Verschiedenheit des Fettes verschiedener Organe eines Tieres haben Henriques und Hansen Mitteilungen gemacht.[5]) Untersucht wurden Hund, Pferd, Ochs, Schaf, Schwein, Kamel und Gans.

[1]) Recherches sur les corps gras d'origine animale, Paris 1823.

[2]) Poggend, Annalen, Bd. LXXXIV, S. 211 u. 238; Bd. LXXXVII, S. 553; Bd. XCVIII, S. 579.

[3]) Annalen, Bd. CXLII, S. 191.

[4]) Siehe Benedikt-Ulzer, Analyse der Fette und Wachsarten, III. Auflage.

[5]) Tierchemie, Bd. XXX, S. 57.

Sie fanden, daß das Hautfett immer das an Ölsäure reichere wäre. Namentlich bei Tieren mit starkem Fettpolster unter der Haut (Schwein, Kamel, Seehund) ist der Ölsäuregehalt um so geringer, je weiter das Fett von der Hautoberfläche entfernt ist.

Die Ursache wurde in der Verschiedenheit der Temperaturen in den Fettlagen gefunden. Thermoelektrische Messungen ergaben nämlich für eine Tiefe von

1 cm unter der Haut:	Temperatur	33,7° C.
2 » » » » :	»	34,8° »
3 » » » » :	»	37° »
4 » » » » :	»	39° »

Rectaltemperatur: 39,9° C.

Über die quantitative Verteilung des Fettes im Säugetierorganismus geben die Untersuchungen von Schulz, an einem mageren Tier (Hund) ausgeführt, z. T. Aufschluß.[1])

Das Gewicht des Tieres war 25,15 kg.

» » « Fettes » 1,408 kg = 5,8 %.

	Fettgehalt der Organe in Prozenten angegeben	
	feucht	trocken
Fettgewebe	19,39	43,6
Eingeweidefett	45.85	91,7
Muskeln	3,27	13,36
Herz	5,3	21,3
Leber	5,34	18,2
Pankreas	4,26	16,9
Nieren	3,18	15,2
Blut	0,61	4,46
Gehirn	10,88	41,76
Knochen	7,27	14,6
Fell ohne Haare	4,42	12,06

Andere Zahlen erhielt Möckel[2]) bei der Fettbestimmung eines fetten Hundes.

Gewicht des Hundes 11,100 g.

[1]) Pflügers Arch., Bd. LXVI, S. 145.

[2]) ibid., Bd. CVIII, S. 189—191.

	Gewicht in g	Gewicht in Prozenten des Körpergewichts	Fett in g	Fett in Prozenten des Organs
Fett	1358	12,23	517,7	38,12
Unterhautfett. . . .	998	8,99	867,6	86,94
Muskeln	4400	39,64	861,7	19,59
Eingeweide ohne Leber	1284	11,57	381,6	29,72
Leber	266	2,40	35,6	13,37
Knochen	1718	15,48	207,5	12,08
Gehirn	84	0,76	10,7	12,74

Menschenfett.

(Art, Menge und Verteilung der Fette in den verschiedenen Organen des menschlichen Organismus.)

Die Zusammensetzung des Menschenfettes ist im allgemeinen dieselbe, wie die der Fette anderer höherer Wirbeltiere. Es besteht im wesentlichen aus den Glyceriden der Palmitin-, Stearin- und Ölsäure, was schon Chevreuil nachwies[1]) und sehr wenig flüchtigen Fettsäuren.[2]) Von letzteren sind nach Langer[3]) Butter- und Capronsäure vorhanden, während Lerch angibt, besonders Caprylsäure gefunden zu haben.

Auch geringe Mengen von Myristinsäure und Laurinsäure kommen vor,[4]) besonders in der Galle[5]) und im Muskelfett, wie Rumpf annimmt.[6]) Nach den Untersuchungen von Rosenfeld ist es übrigens selbstverständlich, daß alle Fettsäuren, die in den Nahrungsfetten enthalten sind, wenigstens temporär im Organismus nachzuweisen sind. Es wurde auch schon Linolsäure gefunden.[7])

---

[1]) Recherches sur les corps gras d'origine animale, Paris 1823.

[2]) Heintz, Pogg. Annalen, Bd. LXXXIV, S. 221 u. 238.

[3]) Monatshefte, Bd. II, S. 382.

[4]) Dennstedt, Gronover u. Rumpf, Chemiker-Ztg., 27 Rep. 270, 317.

[5]) Tappeiner, Sitzgsb. Wr. Akad., Bd. II, S. 87 (1878).

[6]) Virchows Archiv, Bd. CLXXIV, S. 163—193.

[7]) Mitchell, Chem. Zentralblatt, 1896, Bd. II, S. 498.

Erhebliche Unterschiede in der Konsistenz zeigen die Fette von Kindern und Erwachsenen.[1])

In Fortsetzung der Arbeiten von Langer bestimmte Siegert[2]) die Jodzahl des Unterhautfettgewebes bei Neugeborenen, bei Kindern im 1. Lebensjahre und bei einem Erwachsenen. Als Mittelwert ergibt sich im Zusammenhang mit den früheren Untersuchungen für das erste Vierteljahr 45,0, für das zweite 50,7, für das dritte 50,85, also keine Veränderung von Bedeutung. Erst im letzten Viertel des ersten Lebensjahres steigt die Zahl auf 58,55, dann 62,35, d. h. mit dem Einsetzen der gemischten Nahrung nähert sie sich der des Erwachsenen (64—65).

Nach Jaeckle[3]) zeigt das Fett des Kindes in den ersten Lebensmonaten einen sehr hohen Gehalt an niedrigen Fettsäuren.

Langer fand im Kinderfett dreimal so viel feste Fettsäuren, als im Fett Erwachsener. Da die Bestimmung der Ölsäure nach der Methode der Trennung der Bleisalze erfolgte, sind die Zahlenangaben ganz unverläßlich.

Kind:	Ölsäure: 67,75 %	
Erwachsene:	» 89,8 %	
Kind:	Stearin zu Palmitin = 1 : 9	aus den Schmelzpunkten!!
Erwachsene:	» » » = 1 : 4	

Immerhin bestätigte Dobatowkin, daß das Fett von Säuglingen relativ mehr feste Fettsäuren enthält, als das Erwachsener und daß der Gehalt an festen Fettsäuren bis zum 4. Lebensjahre kontinuierlich abnimmt.[4])

Das Fett soll im menschlichen Organismus erst in der zweiten Hälfte des Fötallebens auftreten und dann, so wie in der ersten Zeit nach der Geburt, fast ausschließlich auf den Paniculus adiposus beschränkt sein. Während die inneren Organe fast fettlos sind, ist der Paniculus adiposus relativ fünfmal so dick als beim fettleibigsten Erwachsenen.[5])

---

[1]) Referat, Malys Tierchemie, Bd. XXX, S. 59.

[2]) Hofmeisters Beiträge z. chem. Physiolog. u. Pathol., Bd. I, S. 183—188.

[3]) Zeitschrift f. physiolog. Chemie, Bd. XXXVI, S. 53—84.

[4]) Mitchell, Chem. Zentralblatt, 1896, Bd. II, S. 498.

[5]) Monatshefte, Bd. II, S. 382.

Beim letzteren sind die bedeutendsten Fettdepots:

Das intermuskuläre Bindegewebe, das Fettgewebe der Bauchhöhle, das Unterhautbindegewebe; diese enthalten 2—4 mal so viel, als die nächst fettreichen Organe: Herz, Leber und Muskeln.[1])

Das Fett aus den Bindegeweben ist auch viel leichter extrahierbar als das aus dem Muskelplasma.[2])

Beim Ansatz von Fett werden nicht zuerst die fettreichen Organe gefüllt. Es besteht keine bestimmte Reihenfolge, vielleicht nimmt aber das Unterhautzellgewebe am schnellsten Fett auf.

Am labilsten ist das Bauchhöhlenfett, welches beim Hungern zuerst verbraucht wird, während Organfett — mit Ausnahme des muskulären und intermuskulären Fettes — nicht angegriffen wird. So wird auch Gehirnlecithin und Leberfett nicht merklich bei Fetthunger reduziert.[3])

Zwischen dem Ort des Ansatzes von Nahrungsfett und dem im Körper selbstgebildeten Fett ist kein Unterschied.[4])

Seit der ersten Arbeit von Gmelin über «die im Gehirn des Menschen vorkommenden Fettarten»[5]) sind unsere Kenntnisse über dieselben wesentlich erweitert worden. Liebreich fand (1865) in der Gehirnmasse das Protagon, eine glukosidartige Verbindung von Lecithin mit Zucker.[6]) Seine Resultate wurden von Gamgee und Blankenhorn bestätigt.[7])

Die Lecithine sind Diacylglycerinphosphorsäurecholinester, also fettartige Verbindung von Diglyceriden mit Phosphorsäurecholinester. Sie kommen auch in anderen Organen vor:

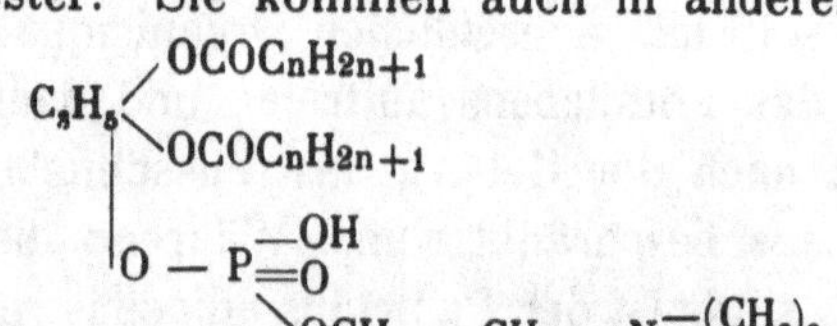

---

1) L. Pfeiffer, Z. f. Biologie, Bd. XXIII, S. 340.
2) Noel Paton, Journ. of Physiol., Bd. XIX, S. 167.
3) Herter, Tierchemie, Bd. XXVIII, S. 74.
4) Forster, Z. f. Biologie, Bd. XII, S. 448.
5) Tiedemanns Zeitschr. f. Physiol., 1824, Bd. I, S. 119.
6) Annalen, Bd. CXXXIV, S. 29.
7) Ber., Bd. XII, S. 1229.

Lecithingehalt der Leber		2,2 %
»	des Thymus	7,5 %
»	der Spermatozoen	1,5 %
»	der roten Blutkörperchen	0,7 %
»	der Milch	0,1 %
»	des Gehirns	ca. 11 %[1])

Im Blut des Menschen fand Bönniger 0,73—0,85 % «Fett», und zwar in den Blutkörperchen vermeintlich freies Cholesterin, im Serum dasselbe an Fettsäuren gebunden.[2]) Während die letztere Angabe richtig ist, — Hürthle fand Cholesteryloleat und Cholesterylpalmitat mit den synthetisch dargestellten Präparaten identisch —[3]) wurden die Bestimmungen über den Fettgehalt des Blutes von Engelhardt korrigiert.[4])

Im Blute Gesunder ist im Mittel 0,194 % Fett. Im Fettgehalte der Arterien und der Venen ist — im Gegensatz zu den Befunden Bornsteins — kein Unterschied.[5]) Über den Fettgehalt des Blutes und einiger Organe des Menschen geben die vergleichenden Analysen Aufschluß, die Rumpf[6]) angibt.

Die Zusammensetzung des Ohrschmalzes wurde schon von Berzelius und Vauquelin untersucht. Spätere Analysen ergaben das Vorhandensein von (Wasser) Stearin, Olein, Kaliseifen und (?) Lactaten.[7]) Im normalen Harn sind nur ganz geringe Mengen höherer Fettsäuren enthalten.

Hybbinette fand in 10 Litern 0,016—0,025 g,[8]) andere jedoch in der normalen Harnmenge von 24 Stunden 0,44 g Fett.[9])

Der Fettgehalt der Faeces wechselt nach Menge und Schmelzpunkt der Nahrungsfette (s. Verdaulichkeit).

---

[1]) Bernard, Apotheker-Ztg., Bd. XVII, S. 186 (1902).

[2]) Zeitschrift f. klin. Med., Bd. XLV, S. 55.

[3]) Zeitschrift f. physiol. Chemie, Bd. XXI, S. 331.

[4]) Arch. f. klin. Med., Bd. LXX, S. 182.

[5]) Röhrmann u. Mühsam, Pflügers Arch., Bd. XLVI, S. 383.

[6]) Virchows Archiv, Bd. CLXXIV, S. 163—193, und Deutsche mediz. Wochenschr., 1903, Nr. 34.

[7]) Petrequin u. Chevallier, Union med. de la Gironde 1871.

[8]) Tierchemie, Bd. XXVII, S. 363.

[9]) Reale Giuranna u. Lucibelli, Tierchemie, Bd. XXVII, S. 43.

Im Anschluß seien einige Angaben über die Fettausscheidung durch die Haut angeführt.

Krukenberg findet die Absonderungen der Talgdrüsen bei Anstrengung in der Wärme zwanzigmal so groß, als bei Ruhe und in der Kälte.[1])

Vom dritten, vierten Lebensjahr bis zur Pubertät ist die Fettabscheidung gleich groß, steigt dann, um später wieder etwas abzunehmen. Beim ♂ und ♀ gleich groß. Besonders stark bei mageren Individuen. Tuberkulöse und Krebsleidende zeigen fast gar keine Fettabsonderung.

An verschiedenen Körperteilen ist sie verschieden groß. Am stärksten auf der Stirne, dann am Rücken, Brust, Oberarm und Leib. Die Gesamtfettabsonderung durch die Haut binnen einer Woche schwankt bei verschiedenen Personen zwischen 100—300 g.[2])

Pathologisches.

Über das pathologische Vorkommen, bezw. die pathologische Vermehrung des Fettes in den verschiedenen Organen liegen zahlreiche Untersuchungen vor. «Fettige Degeneration» des Herzens wurde am häufigsten bei Phosphorvergiftungen, schweren Anämien, bösartigen Tumoren- und Lungentuberkulose beobachtet, seltener hingegen bei den eigentlichen Herzkranken (z. B. Potator).[3])

Auch bei Benzolvergiftungen, zugleich mit akuter Nephritis.[4])

Nach einer Ansicht soll bei solchen Nierenverfettungen das Fett durch Infiltration zugeführt und abgelagert worden sein.

Nach Perls beruht auch die Leberverfettung bei Säufern auf einer Fetteinwanderung, die vorzugsweise auf Kosten des Wassergehaltes erfolgen soll, während die gelbe Leberatrophie fettige Degeneration auf Kosten der festen Bestandteile wäre.[5])

---

[1]) Tierchemie, Bd. XIX, S. 35.

[2]) Leubuscher, Tierchemie, Bd. XXIX, S. 65.

[3]) Krehl, Arch. f. klin. Med., Bd. LI, S. 416.

[4]) Santesson, Skandinav. Arch. f. Physiol., Bd. CI.

[5]) Zentralbl. f. d. mediz. Wissensch., 1873, Bd. LI, S. 801.

Schließlich wurde auch die fettige Degeneration, welche nach Phosphorvergiftungen auftritt, als Fetteinlagerung erklärt.[1])

Den Mechanismus der Infiltration erklärt Hester so, daß er annimmt, gespaltenes Fett trete aus dem Blute wieder in die Zellen und werde dort wieder synthetisiert. Die sogenannte fettige Degeneration würde also primär auf einer durch Kreislaufstörungen bewirkten Mehrzufuhr von Blutflüssigkeit mit gelöstem Fett beruhen.[2])

Siegert[3]) untersuchte als Beitrag zur Theorie der fettigen Degeneration das Verhalten des Fettes bei Autolyse der Leber und fand, daß die Autolyse keine Veränderung verursache; obgleich makroskopisch und mikroskopisch «fettige Degeneration» zu erkennen war, ist keine Änderung im Fettgehalt bemerkbar.

Dem ist entgegenzuhalten, daß andere Forscher nach P-Vergiftungen keine Fettwanderung konstatiern konnten, so z. B. Woltke, der deshalb für die pathologische Fettbildung eintritt.[4])

Letztere besteht nach Pflüger in der Umwandlung des Glykogens der Leber in Fett.[5])

Die Entgegnungen von Polimanti, welcher anführte, daß der Glykogengehalt der von ihm untersuchten Frösche zur Bildung der gefundenen Fettmenge nicht ausgereicht hätte, sind infolge fehlerhafter Versuchsanordnung nicht stichhaltig.[6])

Am einleuchtendsten ist die von Rosenfeld gestützte Theorie. Nach seinen Versuchen gibt es überhaupt keine fettige Degeneration.[7])

Bei Leberverfettungen nach P- und Phloridzinvergiftungen oder Alkoholgenuß kommt es zu Glykogenschwund in der Leber. Das Manko wird durch Fett ausgefüllt, so wie umgekehrt

---

[1]) Z. B. Taylor, Zentralbl. f. Physiol., Bd. XIII, S. 443.

[2]) Virchows Arch., Bd. CLXIV, S. 293.

[3]) Hofmeisters Beiträge zur chem. Physiol. u. Pathol., Bd. I, S. 114—120.

[4]) Tierchemie, Bd. XXXI, S. 77.

[5]) Pflügers Arch., Bd. LXXI, S. 318.

[6]) Pflügers Arch., Bd. LXXI, S. 34.

[7]) Tierchemie, Bd. XXVII, S. 53.

bei Steigerung des Glykogengehaltes Entfettung der Leber erfolgt.[1])

Es besteht also ein Antagonismus zwischen Glykogen und Fett. Da die Fettinfiltration nur an Glykogen — nicht aber an Eiweißschwund geknüpft ist, ist sie auch kein Degenerationssymptom.[2])

Rosenfeld wies auch nach, daß bei Vergiftungen durch Kaliumbichromat, Alkohol, Phosphor, Phloridzin, Chloroform, Morphium und Kantharidin das Nierenfett nicht vermehrt wird.[3])

Kotfett.

Bei hypertrophischer Lebercirrhose mit Icterus wird außerordentliche Vermehrung des Kotfettes konstatiert. So in einem Falle 52,59 %. Pribram beobachtete sogar bei einer Ausscheidung von 1662 g Faeces (in 24 h) 73,77 % Fett.[4])

Bei Icterus catarrhalis wurde 29,74 %, nach der Heilung 12,20 %, bei akuten Darmerkrankungen wurde im Mittel aus 5 Fällen 25,4 % im Kot gefunden.

Bei chronischen Darmleiden (Mittel aus drei Fällen): 10,61 %, während die Faeces normal 9,5 % Fett enthalten.[5])

Fettstuhlgang wird auch bei Glykosurie beobachtet,[6]) und in einem Falle von Leberschrumpfung zugleich Maltosurie und Steatorrhöe.[7])

Das Kotfett tritt häufig in Krystallform auf, z. B. in nadelförmigen Krystallen, bestehend aus freien Fettsäuren, Ca- und Mg-Seifen. Über Fettkrystalle in den Faeces siehe auch Ziehl.[8])

Fettharn kommt vor:

1. Bei parasitärer und nicht parasitärer Chylurie (neben Eiweiß).

2. Bei fettiger Degeneration der Harnbildungs- und Leitungswege.

---

[1]) Zentralbl. f. innere Med., Bd. XXI, S. 1049.

[2]) Tierchemie, Bd. XXXI, S. 76.

[3]) Ibid., Bd. XXXII, S. 344.

[4]) Prager med. Wochenschrift, 1899, Nr. 36 u. 37.

[5]) Muzzi, Tierchemie, Bd. XIX, S. 285.

[6]) le Nobel, Arch. f. klin. Med., Bd. XLIII, S. 285.

[7]) le Nobel, Tierchemie, Bd. XVI, S. 449.

[8]) Deutsche med. Wochenschr., 1883, Nr. 37.

3. Bei Phtisis pulmonum, langwierigen Eiterungen, Pyämie, chronischen Vergiftungen durch Phosphor, Kohlenoxyd und Terpentin, bei gelbem Fieber und schweren Knochenverletzungen.[1])

Ad 1. In einem Fall von Chylurie wurde im Harn gefunden:

0,36 % Fett und 0,76 % Eiweiß.[2])

Genaue Untersuchungen über das Chylusfett aus dem Harn eines an europäischer, nicht parasitärer Chylurie Erkrankten stellte Erben an. Die Analysen stimmen unheimlich.[3])

Neutralfett	95,987 % (!)
Freie Säuren	1,680 %
Lecithin	0,56 %
Cholesterin	1,715 % (!)

Cholesterin und Lecithin wurden auch von Langgaard im Fettharn gefunden.[4])

Interessant ist die Beobachtung Hubers, daß chylöser Harn nach 43 Tagen noch keine Fäulniserscheinungen zeigt.[5])

Eine Entziehung des Nahrungsfettes bewirkt Verminderung des Fettgehaltes des Harns, Steigerung des Nahrungsfettes soll hingegen ohne Einfluß sein.[6])

Ad 3. Ebstein fand bei Pyonephrose flüssiges Fett im Harn zusammen mit Hämatoidinkrystallen.[7])

Knoll fand Fettkrystalle bei subchronischer Nephritis mit Urämie im Harn und post mortem in den Harnkanälchen. Das freie Fett sei dabei durch Zellenzerfall entstanden.[8])

Ebenso wurden bei Phosphorvergiftungen freie Fettröpfchen sowohl im Harnsediment als auch in den Harnkanälchen der Nieren gefunden.[9])

---

[1]) Rassmann, Tierchemie, Bd. XI, S. 209.
[2]) Wilkens, Hygiea, Bd. L, S. 496.
[3]) Zeitschrift f. physiol. Chemie, Bd. XXX, S. 436.
[4]) Virchows Ann., Bd. LXXVI, S. 145.
[5]) Virchows Arch., Bd. CVI, S. 126.
[6]) Brieger, Charité Ann., Bd. VII.
[7]) Arch. f. klin. Med., Bd. CXV.
[8]) Prager Zeitschrift f. Heilkunde, Bd. III, S. 148.
[9]) Knoll, Tierchemie, Bd. XII, S. 188.

Flüchtige Fettsäuren, die im normalen Harn nur in Spuren vorkommen (8—9 mg per Tag), treten nach Alkoholaufnahme vermehrt auf. Auch bei Fieber wurde unter 150 beobachteten Fällen Steigerung bis zu 100 mg konstatiert. Bei febriler Lipacidurie ist der Fettsäurengehalt sehr schwankend.[1])

Fettkonkremente treten auch in der Blase auf, sowohl solche aus freien Fettsäuren, Neutralfett und Seifen (Ca und Mg), als auch Cholesterinkonkremente.[2])

Lipome:

Die Fettgeschwulste sind der Größe nach sehr verschieden, in der Zusammensetzung meistens ziemlich ähnlich.

Ein 579 g schweres Lipom bestand aus 78,07 % Fett (65 % Ölsäure),[3]) eine 2,8 kg Fettgeschwulst aus 75,75 % Fett (65,57 % Ölsäure),[4]) während bei anderen 66,7 % und 67,2 % Ölsäure gefunden wurden.[5])

Sehr abweichend in der Zusammensetzung zeigte sich ein von Jäckle untersuchtes Lipom. Die zentrale Partie war durch eine verkalkte Zone scharf abgegrenzt. Im Innern war der Lecithingehalt der 100fache des normalen; die Verkalkungszone enthielt 29,5 % Ca-Seifen, 28,61 % $CaCO_3$ und 41,89 % Ca-Phosphor.[6])

Blut:

Außerordentliche Steigerung des Gehaltes an Fett wurde bei hungernden Tieren beobachtet. Auch in einem Falle von Diabetes war 5 Tage vor dem Coma 6,4 % Fett im Blut.[7])

Nach Versuchen von Munk und Friedenthal[8]) steigt der Fettgehalt des Blutes in Versuchen, bei denen Fett gereicht wurde, nachdem der Ductus thoracicus und alle in die

---

[1]) v. Jaksch, Tierchemie, Bd. XV, S. 229.

[2]) Horbaczewski, Zeitschrift f. physiol. Chemie, Bd. XVIII, S. 335.

[3]) Ruppel, Zeitschrift f. Biologie, Bd. XXXI, S. 101.

[4]) Schulz u. Schwalbach, Pflügers Arch., Bd. LV, S. 231.

[5]) Lebedeff, Zeitschrift f. physiol. Chemie, Bd. VI, S. 189.

[6]) Tierchemie, Bd. XXXI, S. 71.

[7]) Zaudy, Arch. f. klin. Med., Bd. LXX, S. 301.

[8]) Zentralblatt f. Physiologie, Bd. XV, S. 297—299.

vena cava sup. mündenden Kopf- Hals- und Armvenen beider Seiten unterbunden wurden, sehr stark. Dies beweist, wie leicht Fett die Kapillarwandungen durchdringen und auch ohne Mitwirkung der Galle in protoplasmalösliche Form übergeführt werden kann. Je mehr sich das Plasma an Fett anreichert, um so mehr davon enthalten auch die Blutkörperchen.

Resorption.

Die Sekrete der Leber und des Pankreas, der Darmsaft und auch der Magensaft bewirken die Resorption der Fette sowohl wie der anderen Nährstoffe. Welches der verdauenden Sekrete für die Fettaufnahme die Hauptrolle spielt, war ebenso lange unentschieden, als die zum Teil damit verknüpfte Frage: in welcher Form die Fette resorbiert werden.

Es wird heute von der Mehrzahl angenommen, daß eine vollkommene Spaltung der Fette nicht notwendig ist, daß also die Fette nicht gelöst (Seifen), sondern nur in feinster Verteilung — emulgiert — aufgenommen werden.

Auch das Zustandekommen der Emulsion wurde verschieden gedeutet. Nach Duclaux ist die Emulgierung ein rein physikalischer Vorgang, ohne Fermentwirkung.[1]) Auch Brücke sah die Ursache der Emulgierung nur in der Berührung des Fettes mit alkalischer Flüssigkeit (teilweise Bildung von Seifen).[2]) Hingegen glaubte Landwehr die Bildung der Emulsion nur durch die Wirkung eines «tierischen Gummis» erklären zu können, das, in Verbindung mit einem Globulin das Mucin bildend, aus diesem durch die Galle abgespalten werde.[3])

Infolge der intensiven Forschungstätigkeit über Kolloide hat man in der letzten Zeit dem Vorgang der Emulsionierung größere Aufmerksamkeit geschenkt und konstatiert, daß es hierbei keineswegs nur auf eine bloß mechanische Verteilung ankommt; damit sich eine Emulsion bildet, beziehungsweise bestehen bleibt, ist es notwendig, daß die Oberflächenspannung des Mediums in bestimmten Beziehungen zu jenen der emul-

[1]) Tierchemie, Bd. XII, S. 265.
[2]) Sitzungsber. d. Wr. Akad., Bd. LXI, II. Teil, S. 362.
[3]) Zeitschrift f. physiol. Chemie, Bd. IX, S. 361.

gierten Körper steht, ferner ist die Anwesenheit von Kolloiden und auch von Elektrolyten auf die Beständigkeit der Emulsion von großem Einfluß. Besonders solche Substanzen, welche kolloidale Lösungen geben, z. B. fettsaure Salze[1]) erhöhen die Stabilität der Emulsionen.

Diese Annahme ist aber überflüssig, da schon $^1/_4$ %ige Sodalösung allein genügt, um Fett mit Spuren freier Fettsäuren zu emulgieren.[2]) (Tatsächlich ist die Spaltung im Organismus eine weitaus bedeutendere, als zur Emulsionierung nötig wäre).

Die Ansicht, daß Fett nur nach vollkommener Zerlegung in Seife und Glycerin — also in wasserlöslicher Form — resorbiert werden kann, wird hauptsächlich von Pflüger vertreten. Als Seife trete das Fett aus dem Darm in das Zottenepithel.[3]) «Alle Verdauung ist Hydrolyse; alle Resorption Hydrodiffusion».

Zur Erklärung der Fettresorption betont Pflüger, daß die gebildeten und resorbierten Seifen in der Zelle wieder zu Fett synthetisiert werden, das Alkali also, indem es einen fortwährenden Kreislauf durchmacht, den Darmdrüsen zur Sekretion wieder zur Verfügung steht.

Gmeiner[4]) zieht aus Versuchen, nach denen die Resorption der Fette durch Senfölzusatz gesteigert, die der Seifen aber vermindert wird, den Wahrscheinlichkeitsschluß, daß das Fett als solches zur Aufnahme gelangt, und nicht vor seiner Resorption eine Spaltung erfährt.

Daß Seifen resorbiert werden, ist an sich unzweifelhaft. Ebenso, daß sich aus Seife und Glycerin im Darmepithel und Gewebe der Zotten wieder Neutralfett bildet.[5])

Im Darmkanal aufgesaugte Seifen bewirken Fettansatz.[6]) Nach Pflüger werden auch Kalkseifen resorbiert, weil sie auch in CO_2-freiem Wasser hydrolytisch gespalten sind.[7]) Es ist auch nachgewiesen, daß überlebende Dünndarmschleimhaut aus Seife

[1]) Krafft, Bd. XXXII, S. 1584.
[2]) Munk, Ib., Bd. IX, S. 565.
[3]) Pflügers Archiv, Bd. LXXXII, S. 381, u. Bd. LXXXV, S. 1.
[4]) Zeitschrift für Tiermedizin, Bd. VI, S. 134—144.
[5]) Percwoznikoff, Zentralbl. f. d. med. Wiss., 1876, S. 851.
[6]) Radziejewski, Virchows Arch., Bd. LVI, S. 211.
[7]) Pflügers Archiv, Bd. LXXXIX, S. 211.

und Glycerin bei Körpertemperatur (und Gegenwart eines Antiseptikums) Fett bilden kann.[1]) Damit ist aber keineswegs bewiesen, daß das Fett bei seiner Aufnahme in den Organismus quantitativ die Umwandlung in Seife und diese die Rückbildung in Neutralfett durchmachen muß.[2])[3]) Munk wendete hingegen ein, daß nicht einmal die Hauptmenge des Nahrungsfettes so resorbiert werden kann, da nicht genug Alkali in den Säften disponibel wäre.[4])

Dieser Einwand allein würde nicht genügen, da das Alkali immer wieder abgespalten werden könnte, um neue Fettmengen zu verseifen.[5]) Heute, wo eine große Zahl in neutraler oder saurer Lösung wirksamer lipolytischer Fermente bekannt ist, kann jedoch behauptet werden, daß die sich bildenden Seifen nur für die Bildung der Emulsion nötig sind,[6]) und daß Neutralfett und Fettsäuren als solche emulgiert und resorbiert werden.

Wirkung der Galle.

Die Notwendigkeit der Galle für die Fettresorption beweisen zahlreiche Untersuchungen. Bei Gallenabschluß wird die Resorption der Kohlenhydrate gar nicht, die von Eiweiß wenig, die der Fette aber sehr stark beeinträchtigt.[7])

Gallenfisteltiere können größere Fettmengen überhaupt nicht mehr vertragen. Selbst bei Verabreichung sehr kleiner Quantitäten werden höchstens 40% (gegen 99%) aufgenommen.

Beim Menschen beobachtete man, daß Gesunde höchstens 7—14% Fett unverdaut lassen, Icterische 67—74%.

(Nach Virchow gelangt das Fett mit der Galle in die Gallenblase und wird hier resorbiert, was von Rosenberg bestritten,[8]) von Virchow aber aufrecht erhalten wurde.)[9])

---

[1]) Ewald, Du Bois' Arch., Supplbd., Festschrift 1883, S. 302.
[2]) Pflüger, Pflügers Arch., Bd. LXXXVIII, S. 299.
[3]) Henriques Hansen, Zentralbl. f. Physiol., Bd. XIV, S. 313.
[4]) Virchows Arch., Bd. XCV, S. 407.
[5]) Moore u. Rockwood, Proc. Royal Soc. London, Bd. LX, S. 438.
[6]) Nencki, Tierchemie, Bd. XVI, S. 44.
[7]) Müller, ib., Bd. XV, S. 54.
[8]) Virchows Arch., Bd. CXXIII, S. 17.
[9]) Ib., Bd. CXXIII, S. 187.

In physiologischer Hinsicht ist die Eigenschaft der Gallensubstanzen, Seifen zu lösen und deren Gelatinieren zu verhüten, vielleicht noch wichtiger als ihre Wirkung als Lösungsmittel.[1])

Die Galle ist auch für die Aufsaugung verseifter Fette von wesentlicher Bedeutung und übertrifft (nach Voit) in dieser Beziehung den Pankreassaft an Wichtigkeit.[2]) Ihre Funktion ist eben nicht so sehr die der Emulgierung, als die Benetzung des Zottengewebes, wodurch dasselbe erst die emulgierten Fette aufsaugen kann.[3])

So nehmen auch die Epithelzellen des ausgeschnittenen überlebenden Froschdarmes erst nach Benetzung mit Gallensekret Fetttröpfchen in nennenswerter Menge auf.[4])

Wirkung des Pankreas.

Röhmann vertrat die Ansicht, daß die Galle zur Fettresorption wohl sehr wichtig, aber nicht so absolut notwendig sei, wie das Pankreas.[5])

In der Tat beobachtete Munk, daß bei Gallenabschluß von der Trockensubstanz der Nahrung 87,6%, vom Fett derselben noch 66,9% aufgenommen werden konnten.[6]) Das Kotfett bestand dabei aus:

7,85% Neutralfett,
61,84% Säuren
10,93% Seifen.

Scotti[7]) fand, daß Tiere, denen man nur ein Stück der Bauchspeicheldrüse gelassen hat, die Fette im Verhältnis zu diesem resorbieren.

Dagegen war bei Hunden nach Pankreasexstirpation die Fettaufnahme auf ein Minimum herabgesetzt, und der Übertritt von Fett aus dem Magen in den Darm sehr verlangsamt.[8])

---

[1]) Moore und Parker, Proc. Roy. Soc., London, 68, 64.
[2]) Rosenberg, Pflügers Arch., Bd. LXXXV, S. 152.
[3]) Voit, Tierchemie, Bd. XII, S. 297.
[4]) Gruenhagen, Pflügers Arch., Bd. XXXXIV, S. 535.
[5]) Pflügers Arch., Bd. XXIX, S. 509.
[6]) Virchows Arch., Bd. CXXII, S. 303.
[7]) Tierchemie, Bd. XXXI, S. 85.
[8]) Harley, Journ. of Physiol., Bd., XVIII, S. 1 (1896).

In anderen Fällen fand sich bei vollständigem Fehlen des Pankreas das Nahrungsfett (ausgenommen Milchfett) quantitativ im Kot, obwohl 4/5 des Fettes gespalten waren, auch Fettsäuren wurden nicht aufgenommen.[1]) Bei Mitverfütterung von frischem Schweinepankreas dagegen wurde jedes Fett resorbiert.[2])

Dies bestätigt wohl die schon von Claude Bernard ausgesprochene Anschauung, daß Galle ohne Pankreas die Fettverdauung nicht bewerkstelligen könne.[3])

Anderseits zeigte Dastre, daß Pankreas allein auch nicht genüge.[4]) Auch bei Pankreas besteht die Wirkung, außer in der Fettspaltung, in dem Reiz, den das Sekret desselben auf die Epithelzellen des Dünndarms ausübt.[5]) Dabei sollen diese Zellen nach Hoppe-Seyler gleichsam als lebende Organismen eine Nahrungsauswahl treffen.[6]) Anderseits erregen die Fette die Bauchspeicheldrüse und rufen so selbständig die Sekretion hervor.[7]) [8])

Im Einklang damit stehen die Resultate von Jablonskis Versuchen.[9]) Es unterliegt also keinem Zweifel, daß die Verdauung der Fette hauptsächlich durch die Tätigkeit des Pankreas und der Galle verursacht wird; nach vollkommenem Abschluß beider Organe wird nur sehr geringe Fettverdauung bemerkt.[10])

Von nicht emulgiertem Fett wurde 10%, von Milchfett 20% verdaut, wobei Bakterienwirkung nicht ausgeschlossen war.[11])

Die Spaltung des nicht aufgenommenen Fettes kann aber nicht unbeträchtlich sein.

---

[1]) Minkowski, Berl. klin. Wochenschr., 1890, Nr. 15, S. 333.
[2]) Abelmann, Tierchemie, Bd. XX, S. 45.
[3]) Ann. de chim.-phys., Bd. III, 25, S. 474.
[4]) Compt. rend. soc. biol., 1887, S. 782.
[5]) Levin, Pflügers Arch., Bd. LXIII, S. 171.
[6]) Röhmann, ib., Bd. XXIX, S. 509.
[7]) Dolinski, Tierchemie, Bd. XXIV, S. 363.
[8]) Damaskin, ib., Bd. XXVI, S. 433.
[9]) Arch. des sciences biolog., Bd. IV, S. 377.
[10]) Hédon u. Ville, Arch. de physiol., Bd. IX, S. 606 (1897).
[11]) Dies., Compt. rend. soc. biol., Bd. XLIV, S. 308.

Nach Resektion des Ductus choledochus und Exstirpation des Pankreas bei einem Hund enthielten nach Milchverfütterung dessen Faeces: 55 % Neutralfett und 45 % Fettsäuren.[1])

Ähnliche Versuchsergebnisse erhielt Cunningham.[2])

Resorption bezw. Spaltung im Magen.

Marcet, später Ogata,[3]) wiesen nach, daß die Spaltung der Fette schon im Magen beginne.[4])

Nach älteren Untersuchungen wäre diese Spaltung sehr gering und betrüge nicht viel mehr, als die Bakterien des Magens zu leisten vermögen.[5])

Volhard zeigte indes, daß z. B. von Milchfett oder Eigelbemulsion über 70 % im Magen gespalten werden können.[6]) Er fand auch, daß ein Glycerinextrakt der Magenschleimhaut fettspaltend wirkt, und daß diese Wirkung zwar durch Salzsäure, viel weniger aber durch Magensaft herabgesetzt werde. Die Schleimhaut enthielt wahrscheinlich das Zymogen des Fermentes.[7]) Inoye[8]) konnte diese Behauptungen Volhards nicht bestätigen.

Auch im Magen von Kälbern wurde reichliche Fettresorption nachgewiesen.[9])

Die Fettverdauung im Magen ist daher weder auf die ausschließliche Wirkung von Fäulnisorganismen zurückzuführen, noch auf die von Pankreasferment, welches durch den Pylorus in den Magen gelangt sein könnte.[10])

---

[1]) Hédon u. Ville, Compt. rend. soc. biol., Bd. XLIV, S. 308.

[2]) Journ. of Physiol., Bd. XXIII, S. 209.

[3]) Du Bois' Arch., 1881, S. 515.

[4]) The medical times and gazette, Bd. XVII, S. 210.

[5]) Klemperer u. Schenolem, Zeitschrift f. klin. Med., Bd. XV, S. 370.

[6]) Münch. Med. Wochenschr., Bd. CXLI, S. 194.

[7]) Zeitschrift f. klin. Med., Bd. XLII, S. 414, u. Bd. XLIII, S. 397.

[8]) Archiv für Verdauungskrankheiten, Bd. IX, S. 250—262.

[9]) Schilling, Tierchemie, Bd. XXXI, S. 476.

[10]) Contejean, Arch. de physiol., Bd. XXVI, S. 125.

Nach Gallengas[1]) Versuchen über die Fettverdauung seitens des Magens scheidet derselbe während der ganzen Verdauungszeit ein lipolytisches Ferment aus, das von langsamer und schwacher Wirkung ist, wirksamer in Gegenwart von emulgierten Fetten, als bei fein verteilten Fetten.

Für das lipolytische Ferment des Magens hat nach Volhard das Schütz-Borissonsche Gesetz Geltung: Die Fermentmenge ist dem Quadrate der Verdauungsprodukte proportional.[2])

Hingegen hat Waldemar Stade in seinen Untersuchungen über die fettspaltenden Fermente des Magens gefunden, daß das Schütz-Borissonsche Gesetz bei höheren Konzentrationen nicht genau stimmt. Es sei hiebei erwähnt, daß sich bisher noch keine Fermentreaktion durch eine einfache, in weitem Bereiche gültige Formel für die Reaktionsgeschwindigkeit hat darstellen lassen.

In den letzten Jahren sind viele Arbeiten über die Wirkungsweise der Fermente ausgeführt worden, so von Bredig,[3]) Henri, Herzog, Senter und vielen anderen. Faßt man deren Resultate zusammen, so ergeben sich für die meisten Fermente äußerst komplizierte Formeln für die quantitativen Verhältnisse. Es ist daher anzunehmen, daß das Schütz-Borissonsche Gesetz nur eine Annäherungsformel ist. Da nach den von Bredig[3]) entwickelten Anschauungen kolloidale Lösungen nicht als homogene Gebilde aufgefaßt werden dürfen, was ja jetzt auch durch die ultramikroskopische Beobachtung experimentell bestätigt wurde, ist es unzulässig, die für homogene Systeme entwickelten Gleichungen der physikalischen Chemie auf Fermentreaktionen anzuwenden. Über die Wirkung der Lymphdrüsen bei Resorption der Fette konnte Poulain[4]) in den Lymphdrüsen eine Lipase nachweisen, die das Fett in

[1]) Malys Tierchemie, Bd. XXXIV, S. 473.

[2]) Malys Tierchemie, Bd. XXXI, S. 476.

[3]) Bredig, Anorganische Fermente, 1901. Henri, Zeitschrift f. physik. Chemie. Herzog, Zeitschrift f. physiol. Chemie. Senter, Zeitschrift f. physik. Chemie.

[4]) Malys Tierchemie, Bd. XXXII, S. 79.

Glycerin und Fettsäuren spaltet, anderseits auch Fett durch Synthese bilden kann.

Der Dickdarm spielt bei der Fettverdauung keine Rolle, da die Exstirpation desselben ohne wahrnehmbaren Einfluß auf Spaltung ist.[1])

Beförderung der Resorption.

Die Fettresorption wird durch Darmdesinfektion verringert, durch verschiedene Mittel gefördert, in erster Linie durch Alkalien.[2])

Versuche an permanenten und temporären Darmfisteln ergaben, daß Zusatz von kleinen Mengen Senföl zu der eingeführten Emulsion eine erhebliche Steigerung der Resorption bewirkt,[3]) dadurch soll aber die Seifenresorption verringert werden.[4]) Auch Quassein beschleunigt nach Tappeiner[5]) die Resorption.

Thyreoidin wirkt durch seine fettverbrennende Eigenschaft.[6]) Karlsbader Mineralwasser beeinträchtigt — entgegen früheren Meinungen — die Fettresorption gar nicht, wenn keine Kontraindikation besteht (wie z. B. Anomalien der Gallen- oder Pankreassekretion.[7]) Rohrzucker steigert die Fettassimilation angeblich um 1—3%.[8])

Fett wird auch aufgenommen, wenn es durch Klystiere eingeführt wird. Bei Zusatz von 1% Na_2CO_3 zum Fett wurden 6,8—68,3% (in absoluter Menge 4,5—9,9 g) ausgenützt. Mehr als 10 g per Tag können aber auf diesem Wege nicht einverleibt werden. Zusatz von 6% Kochsalz befördert die Resorption des Fettes.[9])

---

[1]) Vaughan Harley, Tierchemie, Bd. XXVIII, S. 609.
[2]) Scotti, Tierchemie, Bd. XXXII, S. 66.
[3]) Lichtwitz, ib., Bd. XXXI, S. 69.
[4]) Gmeiner, Zeitschrift f. Tiermedizin, Bd. VI, S. 134.
[5]) Zeitschrift f. Biologie, Bd. XLV, S. 223.
[6]) Schiödte, Arch. f. Verdauungskrankheiten, Bd. V, S. 1.
[7]) Kraus, Berlin. klin. Wochenschr., 1897, Nr. XXI, S. 447.
[8]) Circumenko u. Tschernawkin, Wr. Mediz. Blätter, 1894, Nr. 49.
[9]) Deucher, Arch. f. klin. Med., Bd. LVIII, S. 210.

Aufnahme des Fettes durch die Haut.

Subkutan injiziertes Fett wird im Körper abgelagert, besonders als Bauchfett[1]) und das so zugeführte Fett wird zwar langsam, aber ohne nachteilige Folgen resorbiert.[2])

Nach Fetteinreibungen wurde Fett sowohl im Urin gefunden, als auch eine Vermehrung des Fettgehaltes der Faeces konstatiert.[3])

Nach Einreibungen mit Jodipin konnte Fett immer im Urin, nicht aber im Speichel nachgewiesen werden.[4])

Nach anderen Forschern hat der tierische Körper die ausgesprochene Tendenz, Fett zurückzubehalten. (Fettabgabe durch die Haut?)

Hypodermisch zugeführtes Fett soll sogar vollständig aufgenommen werden, und ebenso wie das per os zugeführte zur Erhaltung des Stickstoffgleichgewichtes beitragen.

Pathologisches.

Nach Tschernoff assimiliert ein gesunder Organismus 90—95% vom Nahrungsfett, ein Fiebernder etwa 7% weniger. Abdominaltyphuskranke assimilieren im Fieber aber mehr als in gesundem oder rekonvaleszentem Zustande.[5]) Bei Darmerkrankungen ist die Resorption herabgesetzt (bis auf 80%), wie Chatruet[6]) nachweist.

Bei Herzkranken ist nach Grassmann die Resorption des Fettes viel ungünstiger, als die von Eiweiß und Kohlehydraten.[7]) Durchschnittlich bleiben 18% unverdaut.

Bei Superacidität ruft Fett bedeutende Herabsetzung der freien Salzsäure hervor und befördert die Pepsinabsonderung, ist also in solchen Fällen zweckmäßige Nahrung.[8])

---

[1]) Leube, R., Tierchemie, Bd. XXV, S. 45.

[2]) Du Mesnil de Rochemont, Arch. f. klin. Med., Bd. LX, S. 474.

[3]) Randolph u. Roussel, Philadelphia med. Times, Nr. 14, S. 420.

[4]) Lombroso, Giornale della R. Acad. di med. di Torento. Av. 64.

[5]) Reale, Giuavanna u. Lucibelli, Tierchemie, Bd. XXVII, S. 43.

[6]) Tierchemie, Bd. XXXV, S. 52.

[7]) Tierchemie, Bd. XIII, S. 398.

[8]) Zeitschrift f. klin. Med., Bd. XV, S. 183.

Bei Greisen wird die Assimilation des Fettes eher besser als schlechter, was nach Menschoff durch die schwächere Peristaltik des Darmes verursacht wird.[1])

Ablagerung von Nahrungsfett und Fettsynthese im Tierkörper.

Während merkwürdigerweise lange bestritten wurde, daß das Nahrungsfett als solches im Tierkörper abgelagert werde, ist dies heute durch zahlreiche Untersuchungen erwiesen.

Die ersten Beweise dafür erbrachten Hofmann,[2]) sowie Pettenkofer und Voit.[3]) Die große Ähnlichkeit im Fette der Verzehrer und dem des Futters (auch wenn dasselbe sehr fettarm ist), wurde besonders von Rosenfeld gezeigt.[4]) Es erfolgt auch direkter Übergang des Nahrungsfettes eines Säugers in dieMilch,[5]) mit Ausnahme der flüchtigen Fettsäuren (von pathologischen Störungen abgesehen).[6])

Die größte Beweiskraft haben Versuche, welche ergaben, daß auch bei Verfütterung eines vom Körperfett sehr verschiedenen Fettes das letztere direkt im Organismus aufgespeichert werde, wo es sich dann leicht nachweisen ließ.

Die Wirkung des Nahrungsfettes auf die Fettmenge im Tierkörper ist nach einigen Versuchen eine einseitige, indem eine Vermehrung nur die Menge des Milchfettes, nicht aber die der anderen Bestandteile erhöht.[7])

Weiser und Zaitschek[8]) fanden, daß Gänsefett dieselbe Zusammensetzung hat, auch wenn die Futterarten in der Zusammensetzung der Fette stark abweichen.

Munk fütterte einen fettarm gemachten Hund mit Hammeltalg. Das Körperfett des hierauf getöteten Tieres schmolz erst über 40°, bestand also vorwiegend aus dem Nahrungsfett.[9])

---

[1]) Tierchemie, Bd. XXIII, S. 47.
[2]) Zeitschrift f. Biologie, Bd. VIII, S. 153.
[3]) Ibid., Bd. IX, S. 1.
[4]) Allgem. med. Zentralbl., 1901, Nr. 73.
[5]) Klien, Tierchemie, Bd. XIX, S. 166.
[6]) Weiske, Molkerztg. Bd. II, S. 483.
[7]) Chemiker-Zeitung, Bd. XXV, S. 951—953.
[8]) Pflügers Archiv, Bd. XCIII, S. 328.
[9]) Du Bois' Arch., 1883, S. 273.

Ebenso lagerte ein mit Rüböl gefütterter Hund dieses ab.[1])

Das Leberfett eines anderen, mit Hammeltalg gefütterten Hundes war mit Hammelfett identisch.[2]) Verfüttertes Hammelfett wurde sogar in Karpfen und Goldfischen, deren Körpertemperatur höchstens 15° beträgt, unverändert gefunden.[2])

Auch Lebedeff zeigte, daß Nahrungsfett direkt in die Zellen des Fettgewebes transportiert und dort abgelagert wird.[3])

Im engsten Zusammenhang mit der Frage, ob das Nahrungsfett das Körperfett bilde (und der, in welcher Form ersteres resorbiert werde), steht das Problem der Synthese des Fettes im Tierkörper.

Sowohl direkt verfütterte freie Fettsäuren, als auch die, welche vom Fett, das im Darm gespalten wurde, stammen, werden im Organismus zum Teil unverändert mit Glycerin zu Neutralfetten gepaart.

Es ist schon oben (s. Resorption) gezeigt worden, daß sowohl verfütterte Seifen, als auch im Darm aus Fett entstandene, wieder zu Fett regeneriert werden.

Minkowski beobachtete z. B. nach Verfütterung von Erucasäure die Bildung von Erucin,[4]) ebenso Munk und Rosenstein.[5])

Damit sind auch die Einwände widerlegt, wie daß z. B. das nach Verfütterung von Fettsäuren auftretende Neutralfett aus dem vor Zerfall geschützten Fett des Eiweißes stamme oder zum Teil aus zerfallenen Dünndarmzellen gebildet sei.

Von besonderer Wichtigkeit ist die Beobachtung Munks, daß nach Fettsäuren-Verabreichung im Chylus wenig freie Fettsäuren, aber relativ viel Neutralfett vorhanden ist.

Auch im Kot eines Versuchstieres fanden sich nach Eingabe von (Hammel) Fettsäuren nur 2/10 freie Säuren, 1/10 Neutralfett und 7/10 Seifen.[6])

---

[1]) Munk, Virchows Arch., Bd. XCV, S. 407.

[2]) Rosenfeld, Tierchemie, Bd. XXVII, S. 53.

[3]) Rosenfeld, ibid., Bd. XXX, S. 61.

[4]) Tierchemie, Bd. XVI, S. 42.

[5]) Du Bois' Arch., 1890, S. 581.

[6]) Ibid., 1890, S. 328.

Andere Versuche ergaben, daß nach Verfütterung von Neutralfett die Zusammensetzung von Darm- und Kotfett dieselbe ist, wie nach Fettsäureneingabe. Es müßte sich demgemäß ein gewisser Gleichgewichtszustand bilden.

Die Synthese des Fettes aus seinen Komponenten erfolgt nach Walther im Dünndarm.[1])

Daß alles Neutralfett der Lymphe aus Fettsäuren synthetisiert wird, ist nach früher angeführten Gründen zu bezweifeln.[2])

Jedenfalls spielen die Lipasen hiebei eine wichtige Rolle.

Verdaulichkeit der Fette.

Im allgemeinen werden die Nahrungsfette um so leichter aufgenommen und somit ausgenützt, je niedriger ihr Schmelzpunkt ist. Nach Munk liegt diesbezüglich die Grenze für die Resorptionsfähigkeit bei ca. 53° (F. P.), denn Hammelfett wird noch resorbiert (F. 49—51°), während Lanolin (F. 53—56°) nicht mehr aufgenommen wird.[3])

Eine Bestätigung dieser Regel finden wir in der Tatsache, daß der Schmelzpunkt der Fettsäuren des Kotfettes um so höher ist, je besser die Resorption ist. Die niedriger schmelzenden Glyceride werden folglich zuerst und schneller aufgenommen. Überhaupt haben die Säuren des Kotfettes fast immer höheren Schmelzpunkt, als die des Nahrungsfettes.

Arnschrink teilt die Fette in drei Gruppen:[4])

1. F. P. unter Körpertemperatur. Resorption im Darmkanal bis auf 2—3%, z. B. Butter, Schweinefett.

2. F. P. wenig über die Körpertemperatur. 7—11% bleiben unausgenutzt, z. B. Hammelfett.

3. F. P. wesentlich höher. 86—91% bleiben unausgenützt, z. B. Stearin.

Flüssige Öle und weiche Fette werden viel vollkommener verdaut als zähe Öle und feste Fette. Der Schmelzpunkt des

---

[1]) Zentralblatt f. Physiol., Bd. IV, Nr. 19, S. 590.

[2]) Zentralblatt, f. d. med. Wiss., 1888, Nr. 41.

[3]) Ibid.

[4]) Zeitschrift f. Biologie, Bd. XXVI, S. 434.

Fettes zeigte nach Moore[1]) immer um so geringeren Einfluß auf die Verdaulichkeit, je näher er der Körpertemperatur stand. Gekochtes Fett schien leichter verdaulich zu sein.

Anders liegen die Verhältnisse, wenn der Schmelzpunkt z. B. durch den Gehalt des Fettes an Glyceriden niedriger Fettsäuren herabgedrückt ist; hiedurch wird die relative Verdaulichkeit des Fettes nicht erhöht, so daß die Verdaulichkeit noch von anderen Faktoren als bloß vom Aggregatzustand abhängen muß.

So wird z. B. nach Bourot und Jean von Kuhbutter 95,8% verdaut, von Kokosbutter — Talin—, welche nur 1,15% Glyceride flüchtiger Fettsäuren enthält: 98%.[2])

Es ist dies die beste Bestätigung der Versuchsergebnisse von A. Jolles bei seinen umfassenden vergleichenden Studien über die Verdaulichkeit von Margarine und Kuhbutter.[3])

Jolles fand auch die Emulsionsfähigkeit gleich, kurz vollkommen gleiche Verdaulichkeit und Nährwert.[4])

Lührig fand dasselbe, d. h. daß sogar Margarinefett um 1% besser ausgenützt wird. Die Differenz rührt, wie der Beobachter sehr richtig anführt, von fast unvermeidlichen Versuchsfehlern her. Beide Fette werden absolut verdaulich sein, und die gefundenen Fettreste von anderen, nicht resorbierten Fetten der Nahrung stammen.[5])

Die einschlägigen Versuche von Kienzl ergaben nur wenig abweichende Zahlen,[6]) ebenso die von Ad. Mayer, der bei Verabreichung von Kuhbutter 2%, nach der von Kunstbutter 4% unverdaut fand.[7]) (Bei der Bewertung dieser Fette ist, wie M. Jolles und Winkler gezeigt haben, die wesentliche Verschiedenheit im Gehalt an Keimen zu berücksichtigen.)[8])

---

[1]) Arkansas Agr. Stat. Bull., Bd. LXXVIII, S. 33.
[2]) Compt. rend., Bd. CXXIII, S. 587.
[3]) Revue des falsifications 1894
[4]) Monatsh., Bd. XV, S. 147.
[5]) Zeitschrift f. Untersuch. v. Nahrungs- u. Genußm., Bd. II, S. 284.
[6]) Österr. Chem.-Ztg., Bd. I, S. 198.
[7]) Landwirtsch. Vers.-Stat., Bd. XXIX, S. 215.
[8]) Zeitschrift f. Hyg., S. 2060.

Ob eine Relation zwischen Verseifungsgeschwindigkeit und Resorptionsgeschwindigkeit besteht, ist nicht bekannt; wäre es der Fall, so würden alle unsere Nahrungsfette in dieser Beziehung gleichwertig sein, da Butter, Schweineschmalz, Margarine, Kokos- und Sesamöl, Cottonöl, dieselbe Verseifungsgeschwindigkeit besitzen.[1])

Fettsäuren:

Radziejewski wies zuerst (1868) nach, daß Fettsäuren Nährwert haben.[2])

Wie groß derselbe im Verhältnis zum Neutralfett ist, wurde noch nicht sichergestellt. Nach Munk zeigen die Fettsäuren die gleiche Eiweißersparnis, wie die aus ihnen darstellbare Glyceridmenge; da Glycerin kein Nährstoff sei, bewirken sie gleiche Eiweißersparnis, wie die entsprechende Quantität Neutralfett.[3])

Indessen werden die Fettsäuren nach Frank[4]) schlechter resorbiert und geben überhaupt keinen vollkommenen Ersatz für Fett.[5])

Untereinander verhalten sie sich bis zu einem bestimmten Grade wie ihre Glyceride; die festeren werden schlechter resorbiert, als die leichter schmelzbaren, usw.

Es kommt aber hier in Betracht, daß die Ausnützung niedriger Fettsäuren nicht ganz gleich der der höheren ist. So z. B. bei Laurin- und Myristinsäure. (Bei den Neutralfetten — Kokosöl — konnten solche Unterschiede nicht bemerkt werden, eher umgekehrt.)

Natürlich ist die Verbrennungswärme und damit der Wärmewert der Säuren (wie der Glyceride) mit abnehmendem Molekulargewicht geringer. Doch schützen auch noch Fettsäuren mit noch kleinerem Molekulargewicht als die angegebenen Eiweiß vor dem Verbrauch, aber viel weniger als die

---

[1]) Lührig, Chemikerztg., 1900, Nr. 64.

[2]) Virchows Archiv, Bd. XLIII, S. 268.

[3]) Ibid., Bd. LXXX, S. 10.

[4]) Du Bois' Arch., 1894, S. 297.

[5]) L. Meyer, Zeitschrift f. physiol. Chemie, Bd. XL, S. 550.

höheren Säuren, so z. B. nach Versuchen von Ludwig F. Meyer[1]) Laurinsäure $C_{12}H_{24}O_2$ und Myristinsäure $C_{14}H_{28}O_2$.

Seifen.

Schwieriger als die Aufnahme der Fettsäuren ist die der Seifen.[2]) Daß sie resorbiert werden und im Organismus Neutralfett bilden, d. h. in diesem Sinne als Nahrungsmittel zu betrachten sind, ist schon hervorgehoben worden. —

Senator empfiehlt ihre Verwendung besonders für chronische Zehrkrankheiten und findet, daß sich Seife zum Fett wie Pepton zu Eiweiß verhält, d. h. die einen sind primäre Verdauungsprodukte der anderen.[3])

(Wie die Fette verhalten sich die Äthylester der Fettsäuren. Vom Ester der Stearinsäure wird 13%, von dem der Palmitinsäure 63% ausgenützt. Im Darm erscheinen sie als Seifen und Neutralfett.)[4])

Glycerin.

Wie die Verwertung des Glycerins im tierischen Organismus erfolgt, ist noch nicht sicher bewiesen.

(In der Pflanze bildet das Glycerin des Samenöles bei der Reifung Kohlehydrate; Maquenne.[5]) Algen — wie Spirogyra nitida — gedeihen in einer Lösung von Glycerin und Kalisalzen und häufen, trotz Ausschluß der Kohlensäureassimilation, Stärke in den Chlorophyllbändern an.[6])

C. Schmidt stellte 1850 die Behauptung auf, daß Glycerin im Tierkörper Zucker bilde. Cremer[7]) konnte durch Versuche bestätigen, daß Glycerin ein echter Dextrose- bezw. Glykogenbildner ist. Glycerin ist der erste Stoff, für den die Glykosebildung durch echte Synthese im höheren Tier gesichert ist.

---

[1]) Zeitschr. für physiolog. Chemie, Bd. XL. S. 550, 1904.
[2]) Jodlbauer, Chemikerztg., Bd. XXVII, Rep. S. 318.
[3]) Berl. klin. Wochenschrift, 1887, Nr. 13.
[4]) Frank, Zeitschrift f. Biol., Bd. XXXIII, S. 568.
[5]) Compt. rend., Bd. CXVII, S. 625.
[6]) Pokorny, Arch. f. Hyg., S. 1420.
[7]) Sitzungsber. d. Ges. f. Morphol. u. Physiol., München 1902, Heft 2.

Berthelot erhielt durch Digestion von Glycerin mit Hodensubstanz gärungsfähigen Zucker.[1])

Nach Weiß, Salomon, Luchsinger, Finn und v. Mering verursacht Glycerinverfütterung Vermehrung des Leberglykogens.[2])

Die Entstehung von Glykogen aus Glycerin untersuchten auch Van Deen[3]) und Heynsius.[4])

Auch der pankreaslose Hund soll imstande sein, aus Glycerin Zucker zu bilden, s. Anmkg. 2.

Die Untersuchungen von Sommer ergaben, daß durch Glycerineingabe vielleicht eine Eiweißersparnis erzielt würde, indem kleine Mengen davon im Körper verbleiben,[5]) während nach Munk das Glycerin den Eiweißumsatz gar nicht beeinflußt, und nur ein isodynamer Teil Fett vor Verbrennung geschützt wird.[6]) Nach Leo[7]) wird ein Teil des im Magen abgespaltenen Glycerins im Sinne Pflügers gleichzeitig mit den Fettsäuren im Darme resorbiert und zur Fettsynthese verwendet.

Im Gegensatz dazu finden Horbaczewski und Kanera nach Glycerineingabe den Eiweißumsatz vergrößert.[8])

Lüthje glaubt endgültig bewiesen zu haben, daß Glycerin ein Zuckerbildner ist;[9]) nach Pflüger haben aber Lüthjes Versuche nicht genügende Beweiskraft. — Dubois[10]) fand eine beträchtliche Verlangsamung der Gallensekretion bei Hunden, bei denen reines Glycerin in einen Zweig der V. mesenterica sup. und in eine Milzvene injiziert wurde. Immerhin ist ersichtlich, daß das Glycerin — wie ja bei seiner nahen Verwandtschaft zu den Kohlenhydraten nicht anders zu erwarten ist — im Tierkörper Verwendung findet.

---

[1]) Ann. de chim. phys. (3), Bd. L, S. 346.
[2]) Lüthje, Tierchemie, Bd. XXXII, S. 690.
[3]) Arch. f. holländ. Beiträge, Bd. III, S. 25 u. 61.
[4]) Studien d. physiol. Inst. zu Amsterdam, 1861, Bd. LVII.
[5]) Zentralbl. f. Physiol., Bd. XIII, S. 581.
[6]) Pflügers Arch., Bd. XLVI, S. 303.
[7]) Berliner klin. Wochenschr., 1902, S. 1141—1143.
[8]) Monatsh., Bd. VII, S. 105.
[9]) Arch. f. klin. Med., Bd. LXXX, S. 98 (1904).
[10]) Compt. rend. soc. biolog., Bd. LIX, S. 376.

Bildung von Körperfett aus der nichtfetten Nahrung.

(Pflanzen: Nach Nägeli und Löw bildet sich bei Schimmelpilzen Fett aus Albuminaten.[1]) Für die Hefezellen soll hingegen eine Fettbildung aus N-haltigem Material ausgeschlossen sein.[2]) Die Fettbildung bei der Käsereifung ist nach Jacobsthal kein Beweis für die Umwandlung von Eiweiß in Fett beim Tier, da die Pilze viel mehr synthetische Fähigkeiten hätten, als die tierischen Zellen.[3])

Eine Bildung von Fett aus Leim ist nach den Versuchen von Pettenkofer und Voit unwahrscheinlich.[4])

Die Umwandlung von Eiweiß in Fett ist bis jetzt nur bei niedrigen Tieren mit völliger Sicherheit erwiesen.[5]) Ernährung mit Eiweiß allein ist auch bei einem Fleischfresser nicht möglich, neben Eiweiß muß ein gewisses Minimum an Fett gereicht werden, wenn der Fettbestand des Körpers nicht angegriffen werden soll. (Horbaczewski).[6])

Für die höheren Tiere haben Pettenkofer und Voit durch Versuche, die aber nicht stichhaltig sind, zu beweisen versucht,[7]) daß Nahrungseiweiß bald in Harnstoff und Fett, bald in Harnstoff und Kohlenhydrate zerfallen soll. Für diese Umwandlung ist auch H. v. Liebig eingetreten, und zwar sollen 100 Teile Eiweiß 14 Teilen Fett entsprechen, während nach Voit das Verhältnis 100 : 51 ist.[8])

Auch die Versuche von Kaufmann erscheinen nicht beweiskräftig genug.[9])

Nach Soxhlet bildet ein kleiner Teil des Eiweißes der Nahrung Körperfett.[10]) Beche und Buxton[11]) berichten über die Produktion von Fett aus Eiweiß durch den Bacillus pyocyaneus.

---

[1]) Journ. f. pr. Chem., Bd. XXI, S. 97.

[2]) Duclaux, Ann. de l'Inst. Pasteur, Bd. LXXXIX, Nr. 413.

[3]) Pflügers Arch., Bd. LIV, S. 484.

[4]) Virchows Arch. Bd. LIV, S. 484.

[5]) Virchows Arch., Bd. CI, S. 91.

[6]) Tierchemie, Bd. XXXI, S. 715.

[7]) Hofmann, Zeitschrift f. Biol., Bd. VIII, S. 159.

[8]) Zeitschrift f. Biol., Bd. VI, S. 377, u. Bd. VII, S. 434.

[9]) Tierchemie, Bd. XI, S. 54.

[10]) Arch. de physiol., Bd. XXVIII, S. 767.

[11]) Amer. Journ. of physiol., Bd. XII, S. 466.

Gegenüber Pettenkofer und Voit vertrat besonders Pflüger die Ansicht, die Umwandlung sei wohl theoretisch möglich, aber nicht erwiesen.[1])

Ebenso bestreitet Muneo Kumagawa, daß Körperfett normalerweise aus Eiweiß stammt.[2]) Stosse[3]) zeigt, daß aus Eiweißstoffen bei Mazeration ohne Antiseptika sich Bakterien bilden, die Fett erzeugen. Durch welchen Mechanismus Fett aus Eiweiß entsteht, ist nicht festgestellt.

Schließlich wies Rosenfeld nach, daß bei der sogenannten fettigen Degeneration das Fett nicht aus Eiweiß gebildet ist.[4])

Die Bildung von Fett aus Kohlenhydraten ist durch sehr zahlreiche Untersuchungen ganz einwandfrei bewiesen.

Für niedrige Pilze wurde der bezügliche Beweis von Naegeli und Loew, für Bakterien von Lyons erbracht.[5])

Frühere diesbezügliche Angaben von v. Wolff,[6]) von Schulze[7]) und anderen erhielten die erste maßgebendere Bestätigung von Tscherwinsky.

Er fand bei Fütterungsversuchen mit Schweinen, daß die Tiere 2,6, beziehungsweise 4,3 mal soviel Fett ansetzten, als sie aus dem Eiweiß und Fett der Nahrung hätten bilden können.[8])

Die verläßlichsten Resultate ergaben die Versuche, welche nach der Methode von Pettenkofer und Voit im Pettenkoferschen Respirationsapparat vorgenommen wurden. Dieser ermöglicht erst eine genaue Ermittlung aller Einnahmen und Ausgaben beim Stoffwechsel des Versuchstieres.[9])

Meissl und Strohmer fanden so bei Fütterung eines Schweines mit Reis, daß 10 mal so viel Fett entstand, als aus

---

[1]) Pflügers Arch., Bd. LI, S. 229 : 290; Tierchemie, Bd. XXIV, S. 41.
[2]) Arch. f. Hyg., Bd. XXVIII, S. 30.
[3]) Arch. internat. de physiolog., Bd. I, S. 348–358.
[4]) Tierchemie, Bd. XXXII, S. 344.
[5]) Arch. f. Hyg., Bd. XXVIII, S. 30.
[6]) Tierchemie, Bd. IX, S. 327.
[7]) Landw. Jahrbücher, Bd. I, S. 57.
[8]) Landw. Vers.-Stat., Bd. XXIX, S. 317.
[9]) Voit, Tierchemie, Bd. XV, S. 51.

dem Eiweiß der Nahrung allein hätte entstehen können. Von der zugeführten Stärke wurden 21,5 % in Fett umgewandelt.[1])

Nach Zeitschek[2]) wird beim Huhn bei Fütterung mit Mais und Milch ein Fett erzeugt, das sich der Zusammensetzung des Butterfettes nähert.

Nach Fischer[3]) ist zur Abspaltung von Fett aus Kohlehydraten die Mitwirkung von Proteinstoffen erforderlich.

Außerordentlich umfangreiche Versuche, welche bewiesen, daß die Kohlehydrate auch im Organismus von Wiederkäuern ganz sicher zur Fettbildung verwendet werden, wurden angestellt von Kühn, Thomas, Martin, Lankisch, König, Mohr, Böttcher, Koch, Waage, Mieltke, Köhler, Lösche, Gerhard und Kellner.[4])

Zwischen Fleisch- und Pflanzenfressern besteht in dieser Beziehung kein Unterschied, was aus den Versuchen von Voit und Lehmann, sowie von Rubner hervorgeht.[5])

Daß speziell die Leber imstande ist, Fett aus Kohlehydrat (Zucker) zu bilden, sollen Versuche von Plosz beweisen, welcher nach Verfütterung fettreicher Nahrung im getöteten Tiere die Darmzotten ohne Fett, aber Fett in der Leber fand.[6])

Die damit verknüpfte Frage nach dem Ursprung des Fettes bei lokalen Verfettungen im Tierkörper ist schon a. a. O. besprochen worden. Später zeigte Magnus-Lewy, daß in der autolysierten Leber eine Buttersäuregärung unter Wasserstoff- und Kohlensäureentwicklung verläuft, ganz analog der bakteriellen Gärung.[7]) Magnus-Lewy glaubt, daß es möglich ist, auf Grund dieser Beobachtung den Chemismus der Entstehung von Fett — oder Fettsäuren — aus den Kohlehydraten zu erklären.

Die aus der Milchsäure sich abspaltende Verbindung mit einer Kette von 2 Kohlenstoffatomen könnte Acetaldehyd sein,

---

[1]) Sitzungsber. d. Wr. Akad., Bd. III, S. 88 (1883).

[2]) Pflügers Archiv, Bd. XCVIII, S. 614.

[3]) Fühlings landwirtsch. Zeitg., 1904. S. 363, 412, 448.

[4]) Landw. Vers.-Stat., Bd. XLIV, S. 257.

[5]) Zeitschrift f. Biol., Bd. XXII, S. 272.

[6]) Tierchemie, Bd. XXIX, S. 68.

[7]) Ibid., Bd. XXXII, S. 504.

der sich polymerisiert und dabei vom gebildeten Wasserstoff reduziert würde:

$$9\,C_3H_6O_3 = 9\,C_2H_4O + 9\,H_2 + 9\,CO_2$$
$$9\,C_2H_4O + 7\,H_2 = C_{18}H_{36}O_2 + H_2O.$$

Vorläufig ist es nicht gelungen, diese Reaktion auf chemischem Wege auszuführen, so daß man den angegebenen Reaktionsmechanismus als vollkommen hypothetisch bezeichnen muß.

Bildung von Kohlenhydrat aus Fett.

Wie im tierischen Organismus eine Umwandlung von Kohlenhydrat in Fett — oft in allergrößtem Maßstab (Mast) — erfolgt, so geht auch der umgekehrte Prozeß, Bildung von Zucker aus Fett, vor sich. Eine Reihe von Forschern vertritt die Ansicht, daß die Muskelarbeit nur auf Kosten des Glykogengehaltes des Körpers erfolgt. Es müßte dann bei entsprechender Ernährung viel Fett zur Glykogenerzeugung verwendet werden. — Nach Rosenfeld[1]) steigt der Glykogengehalt, wenn Fett schwindet. — Daß in Ölsamen aus Fett Kohlehydrate entstehen, ist schon lange festgestellt.[2])

Beim Seidenwurm wird während des Verpuppens Fett unter Bildung von Glykogen aufgebraucht.[3])

Seegen wies nach, daß die Leber imstande ist, Zucker aus Fett zu bilden. Bei Fettfütterung unter Ausschluß von Kohlehydraten betrug die Ausfuhr von Zucker aus der Leber eines Versuchstieres im Minimum 2-300 g in 24 Stunden. Der Zucker konnte nicht aus Albuminaten stammen.

Diese Fähigkeit der Zuckerbildung soll auch der überlebenden Leberzelle innewohnen.[4])

Die Versuche Seegens wurden von Weiss wiederholt, und die Resultate bestätigt.[5])

Chauveau sieht einen Beweis für solche Zuckerbildungen darin, daß verhungerte Tiere bis zuletzt Kohlehydrate im Blut enthalten, was nur erklärlich sei, wenn diese aus anderen Körper-

---

[1]) Verhandl. d. Kongr. f. innere Med., Bd. XIX, S. 518—523.

[2]) Sachs, Botanische Ztg., 1859.

[3]) Couvrer, Compt. rend. soc. biol., Bd. XLVII, S. 796.

[4]) Pflügers Arch., Bd. XXXIX, S. 132.

[5]) Zeitschrift f. physiol. Chemie, Bd. XXIV, S. 542.

teilen stammen.[1]) Seine Annahme, daß das aufgenommene Fett überhaupt nicht direkt zur Leistung der Muskelarbeit verwendet werden könne, stützt sich nur auf folgende Beobachtung: der respiratorische Quotient eines arbeitenden Individuums zeigte nach Einnahme von 105 g Butter nach kurzer Zeit noch keine bedeutendere Veränderung![2])

Sace bemerkte, daß Murmeltiere während des Winterschlafes an Gewicht zunehmen. Regnault und Reiset erklärten dies durch den Nachweis, daß die Tiere doppelt so viel Sauerstoff aufnehmen, als sie Kohlensäure abgeben. Es wird daher wahrscheinlich bei geringem Stoffwechsel Fett zu Kohlehydraten oxydiert.[3])

Nach Kaufmann verwenden glykogenarme Tiere bei Fettfütterung einen Teil des Nahrungsfettes zur Zuckerbildung.[4])

Rumpf[5]) und Rosenqvist[6]) beobachteten Zuckerbildung aus Fett in schweren Fällen von Diabetes mellitus. Pflüger[7]) stellt das Fett als Quelle des Zuckers sicher und widerlegt Magnus-Levys mathematischen Beweis, daß das Eiweiß und nicht das Fett den diabetischen Zucker liefert. Hartogh und Schumm konstatierten dieselbe Erscheinung bei Fettverfütterung unter Phloridzinbehandlung, wobei die Entstehung des Zuckers aus Eiweiß ganz ausgeschlossen war.[8])

Von anderen konnte aber bei Phloridzindiabetes eine solche Zuckerbildung nicht bemerkt werden.[9])

In jüngster Zeit wiederholten Abderhalden und Rona die Versuche Seegens mit negativem Resultat. Sie wenden sich daher gegen die Beweiskraft derselben, ohne die Zuckerbildung im lebenden Organismus deshalb anzuzweifeln.[10])

---

[1] Compt. rend., Bd. CXXII, S. 1098.

[2]) Chauveau, Tissot d. de Vorigny, Compt. rend. Bd. CXXII, S. 1169.

[3]) Compt. rend., Bd. CXXII, S. 1098.

[4]) Compt. rend. soc. biol., Bd. XLVIII, S. 414.

[5]) Berl. klin. Wochenschr., 1899, Nr. 9, S. 185.

[6]) Ibid., Nr. 28, S. 612.

[7]) Pflügers Arch., Bd. CVIII, S. 443.

[8]) Arch. f. exp. Path. u. Pharmak., Bd. XLV, S. 11.

[9]) Kumagawa u. Hayashi, Tierchemie, Bd. XXVIII, S. 613.

[10]) Zeitschrift f. physiol., Chemie, Bd. XLI, S. 303 (1904).

Demgegenüber hält Pflüger an den Resultaten von Seegen fest und wiederholt, daß auch bei Digestion von Leberbrei mit Fett und Fettsäuren tatsächlich die Bildung von Zucker erfolge.[1])

Während dem im tierischen Organismus sich abspielenden Umwandlungsprozeß: Kohlehydrat ⟶ Fett ein entgegengesetzter: Fett ⟶ Kohlehydrate gegenübersteht, liegen natürlich die Verhältnisse bezüglich des Eiweißes ganz anders und wesentlich verwickelter. Ein Einfluß des Nahrungsfettes auf das Körpereiweiß ist nur insofern vorhanden, als das erstere das Eiweiß vor dem Verbrauch «schützen» kann.

Die Bedeutung der Fette für die Ernährung des Tierkörpers liegt darin, daß sie von allen Nährstoffen die höchsten Wärmewerte besitzen und daher die bedeutendste Wärmequelle des Organismus darstellen. Zudem ist ihre Ausnützbarkeit die größte, bei vielen, nach Bourot und Jean, Jolles, Lührig und anderen fast quantitativ. Sie können bis zu einem gewissen Grad Eiweiß sparen, was vielfach bestritten wurde und zum Teil noch angezweifelt wird.

Pettenkofer und Voit vertraten die Ansicht, daß Fett im Organismus schwerer zerfalle als Eiweiß, dieses also überhaupt nicht vor Verbrennung schützen kann. Es solle vielmehr umgekehrt das Eiweiß — d. h. das Fett aus dem Eiweiß — das Nahrungsfett schützen.[2])

Später bekämpfte besonders Pflüger die Anschauung von der eiweißsparenden Funktion der Fette. Das Eiweiß sei die einzige Quelle der Muskelkraft.[3])

Die stickstofffreie Nahrung werde überhaupt nur dann zersetzt, wenn das Eiweiß allein das Nahrungsbedürfnis nicht befriedigen kann.[4]) Nach Voit kommt, wenn ausreichend Eiweiß zugeführt wird, der Fettstoffwechsel ganz zur Ruhe.[5])

Nach Pflüger ist die Größe des Eiweißstoffwechsels von der Eiweißzufuhr abhängig, die Größe des Fettstoffwechsels

---

1) Pflügers Arch., Bd. CIII, S. 1 (1904).
2) Zeitschrift f. Biol., 1873, Bd. IX, Heft 1.
3) Pflügers Arch., Bd. L, S. 98 u. 330.
4) Ibid., Bd. LII, S. 1—79.
5) Ibid., Bd. LXXVII, S. 425 u. a. a. O.

aber von der Fettzufuhr ganz unabhängig; damit wäre natürlich Eiweißersparnis durch Fett ganz unvereinbar.[1])

Während also Pflüger das Eiweiß als einzige Quelle der Muskelkraft — als Urnahrung — ansieht, alle anderen Stoffe nur als Surrogate derselben bezeichnet, führt Seegen aus, daß es ganz gleichgültig ist, welches Material dem Körper zugeführt wird, wenn er aus demselben nur Blutzucker, das Brennmaterial des Organismus, bilden kann.[2])

Auch nach Fick wird bei der mechanischen Arbeit der Muskeln nur Glykogen verbraucht; dabei entsteht Wärme gewissermaßen als Nebenprodukt; reicht die so erzeugte Wärmemenge nicht aus, so wird dann erst Fett verbrannt.[3])

Johansen und Koraen untersuchten, inwieweit die direkt aus der Nahrung aufgesaugten Stoffe bei der Muskelarbeit zersetzt werden, und fanden, daß, wenn der Glykogenvorrat des Körpers verbraucht ist, die Teilnahme des Körperfettes an der Zersetzung gesteigert wird.[4])

Diesen Arbeiten stehen jedoch jetzt so viele, die Eiweiß sparende Wirkung des Fettes beweisende Untersuchungen gegenüber, daß dieselbe als sichergestellt erscheint.[5])

Horbaczewsky und Kanera fanden, daß diese Wirkung ähnlich der diesbezüglichen der Kohlehydrate ist.[6])

Schulz beobachtete, daß das Tier beim Hungern in erster Linie Körperfett verbrennt (welchds ja wieder vornehmlich aus dem Nahrungsfett stammt, siehe oben), man erkennt dies an der außerordentlichen Erhöhung des Fettgehaltes des Blutes, da das Fett nicht in den Depots, sondern im Blut verbrannt wird.[7])

Laas konstatierte bei Zusatz von Fett zu früher reiner Fleischnahrung Verminderung der Stickstoffausfuhr.[8])

---

[1]) Pflügers Arch., Bd. CIII, S. 34.
[2]) Ibid., Bd. L, S. 319 u. 385.
[3]) Tierchemie, Bd. XXII, S. 33.
[4]) Skand. Arch. f. Physiol., Bd. XIII, S. 251.
[5]) Z. B. Debore u. Flamant, Zentralbl. f. d. med. Wiss., 1887, Nr. 21.
[6]) Monatsh., Bd. VII, S. 105.
[7]) Pflügers Arch., Bd. LXV, S. 299.
[8]) Zeitschrift f. physiol. Chemie, Bd. XX, S. 233.

Das Fett ist jedoch den Kohlehydraten als Eiweißsparer nicht gleichwertig. Voit und Bischoff fanden, daß zur Verminderung des Eiweißumsatzes doppelt so viel Fette als Kohlehydrate nötig sind, obwohl nach den Wärmewerten das umgekehrte Verhältnis bestehen sollte. Zu demselben Resultate gelangte Kayser.[1])

Eine Erklärung dafür sucht Chauveau darin, daß beim arbeitenden Individuum ein großer Unterschied zwischen isoenergetischen und isotropischen Mengen von Fett und Zucker besteht. Die Nährstoffmengen sind soweit isotroph, als sie gleiche Mengen Glykose, bezw. Glykogen bilden. «Die isotrophischen Mengen haben die Tendenz, sich mit den isoglykogenetischen zu identifizieren.» Die Arbeit der Muskeln werde nur vom Glykogen geleistet (siehe oben), daher geht, bei der notwendigen Umwandlung des Fettes in Glykogen, ein großer Teil des dynamischen Wertes verloren.

Zucker ist daher dem Fett selbst bei kalorisch-schwächeren Mengen überlegen.[2])

Allgemeiner ist aber die Ansicht vertreten, daß die Nährstoffe sich im wesentlichen in jenen Mengen substituieren, welche gleichem Gehalt an Energie entsprechen.

So ist nach Rubner (u. a.) der Gesamtstoffwechsel meßbar durch die Summe der kalorischen Werte der zersetzten Stoffe.[3])

«Bis auf einen kleinen (?) Teil Eiweiß ist es gleichgültig, welche Stoffe dem Körper zugeführt werden, d. h. die Nährstoffe können sich gegenseitig in gewissen Verhältnissen vertreten.»

So entsprechen z. B. 100 Teile Fett:

	Nach gleichem O-Verbrauch	Nach Tierversuch	Nach der Verbrennungswärme
Teile Eiweiß	193	211	201
» Glukose	263	256	243
» Rohrzucker	249	234	231
» Stärke	240	232	221

[1]) Du Bois' Arch., 1893, S. 371.

[2]) Tierchemie, Bd. XXVIII, S. 615.

[3]) Zeitschrift f. Biol., Bd. XIX, S. 313.

Bezüglich der Vertretungswerte von Fett und Kohlenhydraten wahrt Kellner die Priorität gegenüber Rubner.[1])

Die Wärmewerte, welche Rubner experimentell fand, stimmen ganz mit den kalorimetrisch berechneten überein.[2])

100 g Fett entsprechen:

	Gefunden:	Berechnet:
Syntonin	225	213
Muskelfleisch	243	235
Glykose	256	255
Rohrzucker	234	235
Stärkemehl	232	229

Zahlreiche Bestimmungen der Verbrennungswärmen von Nährstoffen hat Stohmann mit Hilfe des Berthelotschen Apparates ausgeführt.[3])

Zahlen für Fleisch und einige Fette:

Fettfreies Fleisch	5662,6
(Mittelwert für Eiweiß)	5730,8
Olivenöl	9467—9608
Leinöl	9488—9439
Butterfett	9231,3

Es braucht wohl nicht besonders hervorgehoben zu werden, daß die Verbrennungswärmen nur insoweit Bedeutung haben, als die betreffenden Stoffe im Organismus tatsächlich vollständig verbrannt werden; im allgemeinen sind die Verbrennungswärmen der verschiedenen Fettarten ziemlich ähnlich; bei der Ausnützung im Organismus kommen aber auch andere Faktoren in Betracht, wie Löslichkeit, Schmelzpunkt usw. Nach Versuchen von Atwater[4]) werden im Organismus 91,1 % Eiweiß, 94,8 % des Fettes und 96,8 % der Kohlehydrate ausgenützt.

Aus vielen Arbeiten geht hervor, daß — bis auf die bestimmte Eisweißmenge — die drei Hauptklassen der Nährstoffe sich in weitgehender Weise gegenseitig vertreten können. Es ist daher auch nicht möglich, den Fettbedarf des Menschen genauer

[1]) Zeitschrift f. physiol. Chemie, Bd. XII, S. 113.
[2]) Zeitschrift f. Biol., S. 2240.
[3]) Ibid., Bd. XXXI, S. 364.
[4]) Amer. Journ. physiol., Bd. X, S. 30—31.

anzugeben. (Im allgemeinen ist bekanntlich der Fettbedarf bei niedriger Temperatur ein größerer.)

R. O. Neumann stellte in einer außerordentlich umfassenden, vorzüglichen Arbeit die Resultate von 307 Versuchen über diesen Gegenstand zusammen und weist nach, daß es unmöglich ist, ein einheitliches Kostmaß für alle Klassen (der Bevölkerung) aufzustellen.[1]) Wie sehr sich der Organismus verschiedener Nahrung anpassen kann, ist ersichtlich aus der Gegenüberstellung der Maximal- und Minimalwerte, die von dem genannten Forscher für Fett, Kohlehydrate und Eiweiß gefunden wurden.

[1]) Arch. f. Hyg., Bd. XLV, S. 1.

Beilage I.

Höhere Fettsäuren.

a) normale.

$C_{10}H_{20}O_2$ Caprinsäure	F. P. 30° S. P. 268° (100 mm: 200°) heiß in H_2O s. w. lösl.	in der Kuhbutter, Kokosöl, Fuselöle	Chevreul, Recherches sur les corps gras, S. 143.
$C_{11}H_{22}O_2$ Undekansäure (-yl)	F. 28,5° S. b. 100 mm: 215,5° H_2O unlösl.	synthetisch	Krafft, Ber., Bd. XI, S. 2219.
$C_{12}H_{24}O_2$ Laurinsäure	F. 43,6° S. b. 100 mm: 225°	im Lorbeer, Kokosöl, Wallrat	Maisson, Ann., Bd. XLI, S. 330.
$C_{13}H_{26}O_2$ Tridekansäure (-yl)	F. 40,5° S. (100 mm): 236°	synthetisch	Krafft, Ber., Bd. XII, S. 1669.
$C_{14}H_{28}O_2$ Myristinsäure	F. 53,8° S. (100 mm): 250,5°	im Muskat, Kokos, Dika, Rindergalle	Playfait, Ann., Bd. XXXVII, S. 155.
$C_{15}H_{30}O_2$ Pentadekansäure	F. 51° S. (100 mm): 257°	synthetisch	Krafft, Ber., Bd. XII, S. 1671.
$C_{16}H_{32}O_2$ Palmitinsäure	F. 62,6° S. (100 mm): 268,5°	in allen tier. Fetten pfl. bes. Palmöl	Frémy, Ann., Bd. XXXVI, S. 44.
$C_{17}H_{34}O_2$ Margarinsäure	F. 59,9°	im Leichenwachs	Ebert, Ber., Bd. VIII, S. 775.
$C_{17}H_{34}O_2$ Daturinsäure	F. 54,5°	in Datura strammon.	Gérard, Bull. Soc. chim. [3] Bd. V, S. 96.
$C_{17}H_{34}O_2$ Heptadekansäure	F. —	im Schweinefett	Kreis und Hafner, Ber., Bd. XXXVI, S. 2767.
$C_{18}H_{36}O_2$ Stearinsäure	F. 69,3° S. (100 mm): 291°	in fast allen Fetten	Pébal, Ann., Bd. XCI, S. 138.
$C_{19}H_{38}O_2$ Nondekansäure	F. 66,5° S. (100 mm): 297°	synthetisch	Schweizer, J. 1884, S. 1193.

$C_{20}H_{40}O_2$ Arachinsäure	F. 77°	in der Butter, Erdnuß,	Gössmann, Ann., Bd. LXXXIX, S. 1.
$C_{22}H_{44}O_2$ Behensäure	F. 84°	im Behenöl	Völcker, Ann., Bd. LXIV, S. 342.
$C_{24}H_{48}O_2$ Lignocerinsäure	F. 80,5°	i. Buchenholzteerparaffin u. Erdnuß	Hell, Herrmanns, Ber., Bd. XIII, S. 1713.
$C_{25}H_{50}O_2$ Hyaenasäure	F. 77—78°	i. Analdrüsentaschen der Hyaena striata	Carius, Ann., Bd. CXXIX, S. 168.
$C_{27}H_{54}O_2$ Cerotinsäure	F. 82,5°	im Bienen- u. Carnaubawachs, Wollschweiß	Brodic, Ann., Bd. LXVII, S. 180.
$C_{30}H_{60}O_2$ Melissinsäure	F. 91°	im Bienenwachs	Marie, Ann. de chimie [7] Bd. VII, S. 145.

b) Isomere (verzweigte Kette) [in der Natur vorkommend].

$C_{11}H_{22}O_2$ Umbellulsäure	F. 21—23° S. 275—280°	im kalif. Lorbeerbaum	Stillmann, O'Neill, Ann., Bd. IV, S. 206.
$C_{12}H_{24}O_2$?	F. 57,5°	in der Kakaobutter	Kingzett, Ber., Bd. X, S. 2243.
$C_{14}H_{28}O_2$ Isomyristinsäure	F. 28,2°	im indischen Geraniumöl	Flatau, Larbé, Compt. r., Bd. CXXVI, S. 1876.
$C_{15}H_{30}O_2$ Isocetinsäure	F. 55°	im Jatropha Carcus	Bouis, Jb., Bd. LIV, S. 462.
$C_{15}H_{30}O_2$ Lactarsäure	F. 70°	in Agaricus integer und Lactarius piperatus	Thörner, Ber., Bd. XII, S. 1636.
$C_{24}H_{48}O_2$ Gingkosäure	F. 35°	in Gingko biloba	Schwartzenbach, Jb., Bd. LVII, S. 529.
$C_{24}H_{48}O_2$ Carnaubasäure	F. 72,5°	im Carnaubawachs	Stürcke, Ann., 223, 283 (und 306).

Beilage II.

Ölsäurereihe $C_nH_{2n-2}O_2$.

Norm.? $C_{10}H_{18}O_2$ Dekakylsäure	F. 86°	im Kork	Siewert, Zeitschr. f. Chem., 1868, S. 383.
$C_{11}H_{20}O_2$ Undekylensäure	F. 24,5°	sythetisch	Krafft, Ber., Bd. X, S. 2035.
$C_{12}H_{22}O_2$	flüssig	in Cochenille	Raimann, M., Bd. VI, S. 896.
$C_{14}H_{26}O_2$	—	in Cochenille	Raimann, M., Bd. VI, S. 895.
$C_{15}H_{28}O_2$ Cimicinsäure	F. 43,8—44,2°	i. grauen Blattwanze und Spinnengewebe	Carius, Ann., Bd. CXIV, S. 147.
$C_{16}H_{30}O_2$ Hypogäasäure	F. 33°	im Erdnußöl?	Gössmann, Ann., Bd. XCIV, S. 230.
$C_{16}H_{30}O_2$ Gaïdinsäure	F. 39°	elaid. v. Hypogäasäure	Gössmann, Ann., Bd. XCIX, S. 307.
? $C_{16}H_{30}O_2$ Physetölsäure	F. 30°	in Wallrat, Robbenf.	Hofstädter, Ann., Bd. XCI, S. 177.
? $C_{16}H_{30}O_2$ Lycopodiumölsäure	—	in Lycopodiumsporen	Langer, Ber., Bd. XXII, S. 341.
$C_{18}H_{34}O_2$ Ölsäure	F. 14°	fast in allen Fetten	
$C_{18}H_{34}O_2$ Elaïdinsäure	F. 45—47°	elaid. v. Ölsäure	Boudet, Ann., Bd. IV, 1.
$C_{18}H_{34}O_2$ Isoölsäure	F. 44—45°	synthetisch	Saytzeff, J. pr. [2], Bd. XXXV, S. 385.
$C_{19}H_{36}O_2$ Döglingsäure	flüssig	Döglingtran	Scharling, Jahresber. 1847/48.

$C_{20}H_{38}O_2$ Eikosensäure	F. 50°	synthetisch	Bodenstein, Ber., Bd. XXVII, S. 3403.
$C_{22}H_{42}O_2$ Erucasäure	F. 33—34°	Rüböl, Senfs.	Darby, Ann., Bd. LXIX, S. 1.
$C_{22}H_{42}O_2$ Brassidinsäure	F. 65—66°	elaid. d. Erucasäure	Hausknecht, Ann., Bd. CXXXXIII, S. 54.
$C_{22}H_{42}O_2$ Isoerucasäure	F. 54—56°	synthetisch	Alexandrow, Saytzeff, Journ. russ. chem. Ges., Bd. XXIV, S. 486.
$C_{27}H_{52}O_2$ Cerotolsäure	F. 70°	»	Hesse, Ann., Bd. CCLXXI, S. 223.

Linolsäurereihe $C_nHO_{2n-4}O_2$.

$C_6H_8O_2$ Sorbinsäure	F. 134,5°	in Vogelbeeren	Hofmann, Ann., Bd. CX, S. 129.
? $C_{17}H_{30}O_2$ Elaemargarinsäure	F. 48°	in Elaeoc. vernic.	Cloëz, Bull. Soc. chim., Bd. XXVI, S. 286

nach Tokuhei Kametaka, Journ. of the College of science, Tokio 1904, Formel: $C_{18}H_{32}O_2$, folglich Isomeres der Linolsäure.

$C_{18}H_{32}O_2$ Linolsäure.	flüssig	Leinöl u. a. trockn. Öle	Sacc. u. a., Ann., Bd. LI, S. 213.
? $C_{18}H_{32}O_2$ Hirseölsäure	»	Hirseöl	Kassner, Ber., Bd. XXI, S. 142.
? $C_{18}H_{32}O_2$ Taririnsäure	»		Arnaud, Bull. [3], Bd. VII, S. 233.

Reihe der Linolensäure $C_nH_{2n-6}O_2$.

Linolensäure	$C_{18}H_{30}O_2$	flüssig	Bauer und Hazura,
Isolinolensäure	»	»	Monatsh., Bd. VII, S. 216
			» » IX, » 459, 180
			» » X, » 242
			» » VIII, » 260.

Beilage III.

Oxyfettsäuren.

a) $C_nH_{2n}O_3$.

$C_{14}H_{28}O_3$ Oxymyristinsäure	F. 51°	in Anglica Archang. L.	Müller, Ber.,Bd.XIV,S.2480.
? $C_{15}H_{30}O_3$ Oxypentadekylsäure	F. 84°	in Anglica Archang. L.	Ciamician, Silber, Ber., Bd. XXIX, S. 1813.
? $C_{16}H_{32}O_3$ Lanopalminsäure	F. 87—88°	im Wollfett	Darmstädter, Lipschitz, Ber., Bd. XXIX, S. 2891.
$C_{17}H_{34}O_3$ Oxymargarinsäure	F. 80°	im Leichenwachs	Ebert, Ber., Bd. VIII, S. 775.
$C_{18}H_{36}O_3$ Oxystearinsäure	F. 82—83°	synthetisch	
$C_{20}H_{40}O_3$ Oxyarachinsäure	F. 91—92°	synthetisch	
? $C_{21}H_{42}O_3$? nur als Anhydrid isolierbar	F. 103,5°	im Carnaubawachs	Stürcke, Ann., Bd. CCXXIII, S. 310.
$C_{22}H_{44}O_3$ Oxybehensäure	F. 96—97°	synthètisch	
? $C_{26}H_{52}O_3$ Oxycerotinsäure	F. 86,5°	»	
$C_{27}H_{54}O_3$ Oxycerotinsäure	F. 82°	in den Cocablättern	Hesse, Ann., Bd. CCLXXI, S. 222.
$C_{30}H_{60}O_3$ Oxymelissinsäure	F. 96,5°	synthetisch	
$C_{31}H_{62}O_3$ Coccerinsäure	F. 92—93°	in Cochenille	Liebermann, Ber., Bd. XVIII, S. 1980.

b) Ungesättigte Oxysäuren, $C_nH_{2n-2}O_3$.

$C_{16}H_{30}O_3$ Oxyhypogäasäure	F. 34°	alt. Lycopod.-Sporen	Langer, Ber., Bd. XXII, S. 341.
$C_{18}H_{34}O_3$ Ricinolsäure	F. 16—17°	Ricinusöl	Saalmüller, Ann., Bd. LXIV, S. 108.
$C_{18}H_{34}O_3$ Ricinelaidinsäure	F. 50°	elaid. v. Ricinolsäure	Playfair, Ann., Bd. LX, S. 322.
$C_{18}H_{34}O_3$ Oxyölsäure	flüssig	synthetisch	
$C_{22}H_{42}O_3$ Oxyerucasäure	„	„	
$C_{22}H_{42}O_3$ Oxybrassidinsäure	F. 80°	„	

Beilage IV.

Pflanzenfette.

Bassiafett; aus Samen von Bassia latifolia: Stearin-, Palmitin-, Ölsäure.
» » » B. Parkii (Sheabutter): 29,7 % Ölsäure, 70,3 % Stearinsäure.
Behenöl; » » » Moringa oleifera: Behen-, Ölsäure, Palmit.?
» » » M. aptera: Behen-, Stearin-, Palmitinsäure.
Borneotalg; » » » Shorea stenoptera: 1/3 Ölsäure, 2/3 Stearinsäure.
Kakaobutter; » » » Theobroma cacao: s. Klimont, 101.
Chines. Pflanzentalg; aus Frucht von Stilling. sebif.: Palmitin-, Ölsäure.
Kokosnußöl; aus Fruchtkernen der Kokospalme, 68 % Fett: Capron-, Capryl-, Caprin-, Laurin-, Myristin-, Palmitin-, Ölsäure.
Colzaöl; aus Br. campestris. — Bis 40 % Fett in den Samen.
Cottonöl; » Baumwollsamen: Ölsäure, daneb. Linol- und Palmitinsäure.
Crotonöl; » Samen von Croton Tiglinum: Ameisen-, Essig-, Isobutter-, -Isovalerian-, Tiglin-, Laurin-, Myristin-, Palmitin-, Stearin-, Ölsäure.
Erdnußöl; » » » Arachis hypogaea. Samen bis 50 % Fett: Arachin-, Hypogäa-?, Palmitin-, Öl-, Linolsäure.
Kartoffelfett; 0,065—0,082 %. Myristin- und Palmitinsäure usw.
Lorbeerfett; Früchte von Lauris nobilis: Laurinsäure u. a.
Maissamenöl; 3/4 Ölsäure; Palmitin-, Stearinsäure.
Mandelöl; in den süßen Mandeln über 50 %: Olsäure, Linolsäure.
Muskatbutter; aus Samen von Myristica moschata: bes. Myristinsäure.
Oliven(-Baum-)Öl; aus Früchten von Oleo europaea: Öl-, Palmitin-, Linolsäure, Arachin?
Palmöl; aus Früchten von Elaeis guineensis: Öl-, Palmitinsäure, 1 % Stearinsäure.
Palmkernöl; aus Samen der Früchte von Elaeis guineensis: Capryl-, Capron-, Caprin-, Laurin-, Myristin-, Palmitin-, Stearinsäure.
Paranußöl; aus Bertholletia excelsior: Palmitin-, Stearin-, Ölsäure.
Rapsöl; » Samen von Brassica Napus.
Rüböl; Eruca-, Rapinsäure u. u. Arachinsäure?
Ricinußöl; aus Samen von Ricinus communis: Ricinolsäure, sehr wenig Stearinsäure.
Sesamöl; aus Samen von Sesamum orientale: Ölsäure, Linolsäure.
Sonnenblumenöl; aus Samen von Helianthus anuus: bes. Linolsäure, wenig Ölsäure.
Traubenkernöl; 15—18 % fett. Öl in den Kernen, wenig Palmitin- und Stearinsäure, Erucasäure u. a.

Trocknende Öle:

Hanföl; aus Samen von Cannabis sativa: bes. Linolsäure, wenig Linolen-, Isolinolen- und Ölsäure.

Holzöl; aus Samen von Elaeococcus vernic.: 41—72 % Elaeomaragrinsäure, Rest Ölsäure.

Leinöl; » » » Linum usitatissimum; 33 % Öl: Linolsäure, Linolen-, Isolinolen-, Ölsäure.

Mohnöl; » » » Papaver somniferum und P. nigrum: Palmitin-, Stearin-, Linol-, Öl-, wenig Isolinolen- und Linolensäure.

Wallnußöl; aus Nüssen von Juglans regia: Laurin-, Myristin-, Linol- wenig Linolen-, Isolinolen- und Ölsäure.

Beilage V.

Tierische Fette.

Butter: Butter-, Capron-, Capryl-, Caprin-, Myristin-, Palmitin-, Stearin-, wenig Arachinsäure. 88 % derselben in H_2O unlöslich.

Crustaceenfett: Die meisten Organe fettlos, die Leber sehr fettreich bis 50 %, so z. B. bei Cancer pagurus, Palinurus vulgaris.

Dekapodenfett: Hauptsächlich in der Leber, z. B. Birgus latro: besonders Laurin-, daneben Capron-, Capryl-, Palmitin- und Stearinsäure.

Delphintran: von Delphinus globiceps: Valerian-, Palmitin-, Ölsäure und Wallratfett.

Eieröl: aus Eigelb, Olein 80—85 %, feste Glycerid. 16 % Chelast, Lecithin, nach Liebermann: Glycerid: 40 % Ölsäure, 38 % Palmitin, 15 % Stearin.

Elephantenfett: 21 % Palmitin und 79 % Olein.

Gänsefett: Palmitin-, Stearin-, Ölsäure u. die flüchtigen Säuren der Butter.

Hammelfett: bes. Stearin-, wenig Palmitin- und Ölsäure. (?)

Menschenfett: s. S. 28.

Rindstalg: Olein wie bei Hammelfett, feste Clyc. zwischen Gehalt von Menschen- und Hammelfett.

Robbenfett: Ölsäure, Palmitinsäure, Physetölsäure?

(Lebertran: von Gadusarten, Dorsch und Kabeljau: Ölsäure, Palmitinsäure, wenig Essig- und Buttersäure, Cholesterin).

Schweineschmalz: Öl-, Palmitin-, Stearin-, Heptadekansäure.

Im Sekret der Bürzeldrüse von Gänsen und Wildenten: 40—45 % Oktadekylester der Fettsäuren!

MIX
Papier | Fördert gute Waldnutzung
FSC® C083411

Zeitfracht Medien GmbH
Ferdinand-Jühlke-Straße 7
99095 Erfurt, Deutschland
produktsicherheit@kolibri360.de